思科系列丛书

Packet Tracer 使用指南及实验实训教程

（第 2 版）

杨功元　主编

杨春花　马国泰　副主编

电子工业出版社

Publishing House of Electronics Industry

北京·BEIJING

内 容 简 介

本书主要以典型的案例和网络实验为载体,通过在思科网络学院网络工具模拟器 Pactet Tracer7.0 中完成实验的方式向学习者讲解该软件的使用方法,使其熟练掌握思科设备的配置方式。实验的安排由简单到复杂,由单一到综合,通过使学习者熟练使用 Pactet Tracer 软件,可以大大提高实践教学的效率和质量。在认识和了解 Pactet Tracer 软件的使用方法后,编著者精心设计了可以在 Pactet Tracer 环境下完成的实验实训内容,主要包含网络基础、网络交换、广域网和故障排除等内容,同时在第 1 版的基础上新增了物联网实训内容。另外,还设计了基于 Pactet Tracer 软件的游戏模块,以提高学生的学习主动性。

本书既可作为思科网络技术学院及相关高职高专院校计算机网络技术专业教师的实训指导用书,也可作为学生的课外辅导手册,还可作为相关企业对员工进行认证培训及自学者的辅导资料。

未经许可,不得以任何方式复制或抄袭本书之部分或全部内容。

版权所有,侵权必究。

图书在版编目(CIP)数据

Packet Tracer 使用指南及实验实训教程 / 杨功元主编. —2 版. —北京:电子工业出版社,2017.3
(思科系列丛书)
ISBN 978-7-121-31014-0

Ⅰ. ①P… Ⅱ. ①杨… Ⅲ. ①计算机网络-网络设备-教学软件-高等学校-教材 Ⅳ. ①TP393

中国版本图书馆 CIP 数据核字(2017)第 043501 号

策划编辑:宋 梅
责任编辑:宋 梅
印 刷:北京盛通商印快线网络科技有限公司
装 订:北京盛通商印快线网络科技有限公司
出版发行:电子工业出版社
     北京市海淀区万寿路 173 信箱 邮编 100036
开 本:787×980 1/16 印张:17 字数:392 千字
版 次:2012 年 10 月第 1 版
     2017 年 3 月第 2 版
印 次:2022 年 4 月第 9 次印刷
定 价:49.00 元

凡所购买电子工业出版社图书有缺损问题,请向购买书店调换。若书店售缺,请与本社发行部联系,联系及邮购电话:(010)88254888,88258888。

质量投诉请发邮件至 zlts@phei.com.cn,盗版侵权举报请发邮件至 dbqq@phei.com.cn。
本书咨询联系方式:mariams@phei.com.cn。

前　言

当今世界，信息技术创新日新月异，以数字化、网络化、智能化为特征的信息化浪潮蓬勃兴起。物联网、云计算、大数据、人工智能、机器深度学习、区块链、生物基因工程等新技术驱动网络空间从人人互联向万物互联演进，数字化、网络化、智能化服务将无处不在。2016年国家颁布的《国家信息化发展战略纲要》中提到，到 21 世纪中叶，信息化全面支撑富强、民主、文明、和谐的社会主义现代化国家建设，要把我国建设成网络强国。要实现网络强国的战略目标，学习和掌握网络技术、物联网等知识显得至关重要和迫切。思科网络学院提供的 Packet Tracer 7.0 模拟工具为快速学习网络技术，开展相关网络实验带来了极大便利，本书通过 Packet Tracer 7.0 软件的模拟演练，使学习者能够快速地学习和掌握网络方面的相关知识。本书具有以下特点：

① 面向对象广泛，既可作为教师授课的参考书和学生的学习手册，也可作为自学者的参考资料和认证培训的辅导资料等。

② 通过熟练使用 Packet Tracer 软件并完成相关实验，可使学习者能快速地学习网络知识，而且形象、直观，使学习者在自己的计算机上就可以模拟真实的网络环境，从而突破了学习网络技术需要昂贵设备的局限性。

③ 内容简明扼要，配图得当，以典型案例为载体来帮助学习者更好地学习网络的拓扑搭建、基本操作、网络互联和故障排除等知识技能，实验安排由简单到复杂，由单一到综合。

④ 全书分为 5 篇（共 8 章）——实用篇、实验实训篇、故障篇、物联网篇和游戏篇，内容组织从认识网络开始，逐渐展开，结合试验完成配置网络、维护网络和应用网络的任务，最后达到学习知识、培养能力的目的。

本书由杨功元（新疆农业职业技术学院）主编，杨春花（乌鲁木齐职业大学）和马国泰（新疆农业职业技术学院）为副主编。其中第 1、2 章由马国泰编写，第 3 章由窦琨（新疆农业职业技术学院）编写，第 4、6 章由曹元顺（新疆农业职业技术学院）编写，第 5 章由杨功元编写，第 7、8 章由杨春花编写。

Packet Tracer 是思科网络技术学院的教学工具。思科网络技术学院的教师、学生及校友可以使用该工具辅助学习 IT 基础、CCNA 路由和交换、CCNA 安全、物联网、无线网络等课程。您可以通过以下链接注册成为"Packet Tracer 101"课程的学生并下载最新版 Packet Tracer 软件：https://www.netacad.com/about-networking-academy/packet-tracer/。

本教材配套有教学资源 PPT 课件，如有需要，请登录电子工业出版社华信教育资源网（www.hxedu.com.cn），注册后免费下载。

由于时间仓促，加上编著者水平有限，书中难免有不妥和错误之处，恳请同行专家指正。E-mail:xnzyjsjx@126.com。

编 著 者

2017 年 2 月

目 录

实 用 篇

第 1 章 Packet Tracer 使用指南 ··· 3
1.1 Packet Tracer 介绍 ··· 4
1.2 界面介绍 ··· 5
1.2.1 设备选择与连接 ··· 5
1.2.2 设备编辑区域 ··· 7
1.2.3 Realtime Mode（实时模式）和 Simulation Mode（模拟模式） ··· 8
1.3 网络设备管理 ··· 9
1.3.1 PC ··· 9
1.3.2 路由器 ··· 10
1.4 实例 ··· 12
1.4.1 实例 1——研究应用层和传输层协议 ··· 12
1.4.2 实例 2——检查路由 ··· 13
1.4.3 实例 3——研究 ICMP 数据包 ··· 15
1.4.4 实例 4——子网和路由器配置 ··· 17
1.4.5 实例 5——研究第 2 层帧头 ··· 19
1.4.6 实例 6——地址解析协议（ARP） ··· 20
1.4.7 实例 7——中间设备用作终端设备 ··· 22
1.4.8 实例 8——管理设备配置 ··· 23
1.5 本章小结 ··· 25
思考与练习 ··· 25

实验实训篇

第 2 章 网络基础 ··· 29
2.1 物理层连接 ··· 30
2.1.1 物理介质的连接 ··· 30
2.1.2 实例——熟悉物理设备及其连接 ··· 32

2.2 数据链路层连接 ·· 33
    2.2.1 认识和熟悉帧 ·· 34
    2.2.2 MAC 地址与 ARP 协议 ··· 37
    2.2.3 实例——网间数据包跟踪 ··· 38
2.3 网络层与网络编址 ·· 40
    2.3.1 网关与路由 ·· 41
    2.3.2 网络编址 ·· 41
    2.3.3 实例——规划子网和配置 IP 地址 ·· 41
2.4 传输层与 TCP ·· 43
    2.4.1 TCP 的 3 次握手 ·· 44
    2.4.2 实例——TCP 会话的建立和终止 ·· 45
2.5 本章小结 ·· 47
思考与练习 ·· 47

第 3 章 网络路由 ·· 49

3.1 路由器基本配置 ·· 50
    3.1.1 路由器构造 ·· 50
    3.1.2 路由器 IOS ·· 52
    3.1.3 实例 1——路由器基本配置 ·· 54
    3.1.4 实例 2——IOS 的备份和密码恢复 ··· 58
3.2 静态路由 ·· 60
    3.2.1 静态路由简介 ·· 60
    3.2.2 静态路由配置 ·· 60
    3.2.3 实例 1——配置静态路由 ·· 60
    3.2.4 实例 2——配置默认路由 ·· 62
3.3 路由信息协议（RIP） ·· 64
    3.3.1 RIP 简介 ·· 64
    3.3.2 实例 1——配置 RIP 路由协议 ·· 65
    3.3.3 实例 2——配置 RIPv2 路由协议 ·· 68
3.4 OSPF 路由协议 ··· 75
    3.4.1 OSPF 路由协议简介 ·· 75
    3.4.2 实例 1——配置 OSPF 路由协议 ·· 77
    3.4.3 实例 2——修改 OSPF 度量值 ·· 81
3.5 本章小结 ·· 84
思考与练习 ·· 85

第 4 章 网络交换 ... 87

4.1 交换式 LAN ... 88
4.1.1 分层网络模型 ... 88
4.1.2 配置交换机 ... 90
4.1.3 实例——使用 Packet Tracer 完成基本交换机配置 ... 90

4.2 VLAN ... 102
4.2.1 VLAN 简介 ... 102
4.2.2 实例——使用 Packet Tracer 配置 VLAN ... 103

4.3 VTP ... 109
4.3.1 VTP 简介 ... 109
4.3.2 实例——使用 Packet Tracer 配置 VTP ... 111

4.4 VLAN 间路由 ... 121
4.4.1 VLAN 间路由简介 ... 121
4.4.2 实例——使用 Packet Tracer 配置 VLAN 间路由 ... 121

4.5 本章小结 ... 131
思考与练习 ... 131

第 5 章 广域网（WAN） ... 133

5.1 广域网连接 ... 134
5.1.1 广域网技术 ... 134
5.1.2 广域网交换 ... 135
5.1.3 WAN 链路解决方案 ... 135
5.1.4 实例 1——PPP 配置 ... 136
5.1.5 实例 2——帧中继配置 ... 150

5.2 访问控制列表（ACL） ... 154
5.2.1 ACL 简介 ... 154
5.2.2 实例 1——配置标准访问控制列表 ... 155
5.2.3 实例 2——配置扩展访问控制列表 ... 156
5.2.4 实例 3——配置命名访问控制列表 ... 158

5.3 网络地址转换（NAT） ... 159
5.3.1 网络地址转换简介 ... 159
5.3.2 实例——使用网络地址转换实现公司接入 Internet ... 160

5.4 本章小结 ... 163
思考与练习 ... 163

故 障 篇

第 6 章　故障排除 · 167
6.1　故障排除方法及步骤 · 168
6.1.1　故障排除模型 · 168
6.1.2　故障排除的一般步骤 · 169
6.1.3　故障排除方法 · 169
6.2　故障排除实例 · 170
6.2.1　实例 1——协议类故障排除实例 · 170
6.2.2　实例 2——小型网络故障排除实例 · 175
6.2.3　实例 3——企业网络故障排除实例 · 179
6.3　本章小结 · 182
思考与练习 · 183

物联网篇

第 7 章　万物互联（IOT） · 187
7.1　物联网功能使用指南 · 188
7.2　物联网设备介绍 · 188
7.2.1　物联网家庭网关和物联网服务器 · 188
7.2.2　智能硬件设备（Smart Things） · 192
7.2.3　组件（Components） · 193
7.2.4　物联网定制线缆（IoE Custom Cables） · 194
7.3　Packet Tracer 7.0 软件模拟环境数据 · 194
7.4　实例 · 195
7.4.1　实例 1——智能家居之温度调控 · 195
7.4.2　实例 2——动感汽车 · 199
7.5　本章小结 · 203
思考与练习 · 204

游 戏 篇

第 8 章 游戏竞赛 ... 207
8.1 Aspire 游戏介绍 ... 208
8.1.1 游戏概述 ... 208
8.1.2 游戏特色 ... 208
8.1.3 游戏安装方法 ... 209
8.1.4 游戏界面简要介绍 ... 211
8.2 开始游戏 ... 214
8.2.1 接纳客户 ... 214
8.2.2 完成任务 ... 215
8.3 游戏场景介绍 ... 217
8.3.1 场景一：能上网的咖啡馆 ... 217
8.3.2 场景二：政府办公室 ... 218
8.3.3 场景三：学校图书馆 ... 219
8.3.4 场景四：医院办公室 ... 220
8.3.5 场景五：个人计算机 ... 221
8.3.6 场景六：无线设置 ... 222
8.4 游戏注意事项 ... 223
8.5 本章小结 ... 227
思考与练习 ... 227

附录 A 故障排除脚本 ... 229
A.1 协议类故障排除实例 ... 229
A.2 企业网络故障排除实例 ... 231

实用篇

第1章 >>>

Packet Tracer 使用指南

本章要点

- Packet Tracer 介绍
- 界面介绍
- 网络设备管理
- 实例

1.1 Packet Tracer 介绍

Packet Tracer 是由 Cisco 公司专门针对思科网络技术学院发布的一个辅助学习工具，是一个功能强大的网络仿真程序，它为学习思科网络课程的网络初学者去设计、配置和排除网络故障提供了网络模拟环境，允许学生设计各类模拟实验，提供仿真、可视化、编辑、评估和协作能力，有利于教学和复杂的技术概念的学习。

学生可在软件的图形用户界面（GUI）上直接使用拖曳方法建立网络拓扑；软件中实现的 IOS 子集允许学生配置设备，并提供数据包在网络中处理的详细过程，以便观察网络实时运行情况。

使用现有的技术和新技术，将物理世界与 Internet 连接起来。通过将无关联的事物连接起来，我们从 Internet 过渡到了万物互联。

学生可以利用该软件学习网络连接方法，理解网络设备对数据包的处理过程，学习 IOS 的配置方法，提高故障排查的能力。该软件还附带 4 个学期的多个已经建立好的演示环境及任务挑战等内容。

目前最新的版本是 Packet Tracer 7.0，本书的案例和实训主要以 7.0 版本为主。

Packet Tracer 汉化版能满足读者的需求，使英语能力不强的同学使用起来同样也可以得心应手，从而成为这方面的高手。Packet Tracer(6.0)汉化版模式如图 1-1 所示。

图 1-1 Packet Tracer 汉化版模式

该模拟器的功能如下：

① 模拟实际设备的硬件。模拟器对于网络技术学习者而言跟玩真机一样，设备模块和面板显示跟真机一样，安装模块还需要"Power off"（断电）！该功能对于那些还没有真实交换机和路由器的学习者非常适用。

② 模拟器能够提供三层交换机功能。思科官方版本比较多，目前的版本能够提供对三层交换机的支持，该版本中有 catalyst3560 供大家学习。

③ 模拟器支持报文分析功能。通过对 Packet Tracer 报文分析功能的使用能够掌握通信原理，为今后走上工作岗位打下扎实的基础。

④ 支持 IPv6 和无线系统。Packet Tracer 对于想学习 IPv6 的技术和无线网络技术的人非常有用。

⑤ 绘图功能。Packet Tracer 具有绘图功能，它可以在软件界面里面搭建设备，之后连接线缆，通过截图，就能轻松得到想要的网络拓扑。

1.2 界面介绍

1.2.1 设备选择与连接

在软件界面的左下角一块区域，这里有许多种类的硬件设备，从左至右、从上到下依次为路由器、交换机、集线器、无线设备、设备之间的连线（Connections）、终端设备、仿真广域网和 Custom Made Devices（自定义设备），如图 1-2 所示。

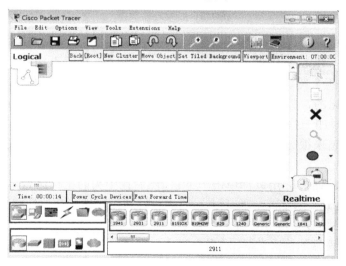

图 1-2　硬件设备

用鼠标单击"Connections",会在右边看到各种类型的线,依次为 Automatically Choose Connection Type(自动选线;它是万能的,一般不建议使用,除非真的不知道设备之间该用什么线)、控制线、直通线、交叉线、光纤、电话线、同轴电缆、DCE 和 DTE。如图 1-3 所示,其中 DCE 和 DTE 用于路由器之间的连线,实际应用中需要把 DCE 和一台路由器相连,DTE 和另一台设备相连。而在这里,只须选一根就可以了;若选了 DCE 这一根线,则和这根线先连的路由器为 DCE。在配置该路由器时需配置时钟。交叉线只在路由器和计算机直接相连或者交换机和交换机之间相连时才会用到。

图 1-3　线缆连接类型

那么 Custom Made Devices 是做什么的呢？通过实验发现,当我们用鼠标把位于第一行的第一个设备(也就是 Router 中的任意一个)拖到工作区,然后再拖一个设备并尝试用串行线 Serial DTE 连接两个路由器时,发现它们之间是不会正常连接的,原因是这两个设备初始化虽然都是模块化的,但是没有添加,比如多个串口,等等。但 Custom Made Devices 则不同,它会自动添加一些"必需设备",这样在实验环境下每次选择设备就不用手动添加所需设备了,使用起来很方便；除非你想添加"用户自定义设备"里没有的设备(要用时再添加也不迟)。

当需要用一个设备时,先用鼠标单击一下它,然后在中央的工作区域单击一下可就完成了,或者直接用鼠标摁住这个设备把它拖上去。选中一种连线,然后在要连接的设备上单击一下；选择接口,再单击另一设备,并选择一个接口,工作就完成了。连接好线后,可以把鼠标指针移到该连线上,连线两端的接口类型和名称如图 1-4 所示,配置的时候会用到。

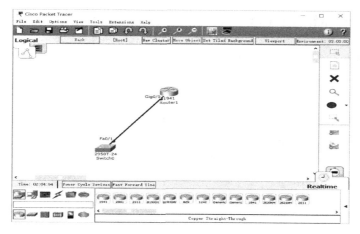

图 1-4 设备连接

1.2.2 设备编辑区域

如图 1-5 所示,从上到下依次为选定/取消、移动(总体移动或移动某一设备,直接拖动就可以了)、Place Note(先选中)、删除、Inspect(选中后,在路由器和 PC 上可看到各种表,如路由表等)、Simple PDU 和 Complex PDU。

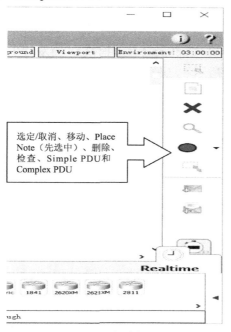

图 1-5 设备编辑区域

1.2.3 Realtime Mode（实时模式）和 Simulation Mode（模拟模式）

软件界面的最右下角有两个切换模式，分别是 Realtime Mode（实时模式）和 Simulation Mode（模拟模式），如图 1-6 所示。顾名思义，实时模式即即时模式，也就是说是真实模式。举个例子，两台主机通过直通双绞线连接并将它们设为同一个网段，那么当 A 主机 ping B 主机时，瞬间可以完成，这就是实时模式。而模拟模式是切换到模拟模式后主机 A 的 CMD 里将不会立即显示 ICMP 信息，而是软件正在模拟这个瞬间的过程，以人们能够理解的方式展现出来。

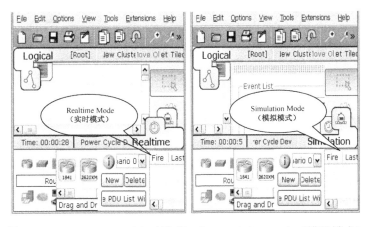

图 1-6 Realtime Mode（实时模式）和 Simulation Mode（模拟模式）

怎么实现呢？只须单击 Auto Capture（自动捕获），直观、生动的 Flash 动画即显示了网络数据包的来龙去脉，如图 1-7 所示。这是该软件的一大闪光点，随后笔者会举例详细介绍的。

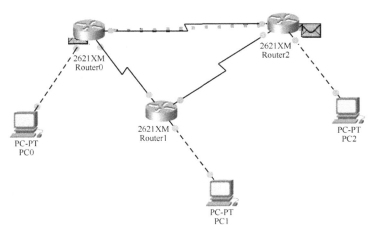

图 1-7 本地主机 PC0 对远程主机 PC2 执行 ping 命令

单击 Simulate Mode 会出现 Event List 对话框，该对话框显示当前捕获到的数据包的详细信息，包括持续时间、源设备、目的设备、协议类型和协议详细信息，如图 1-8 所示。

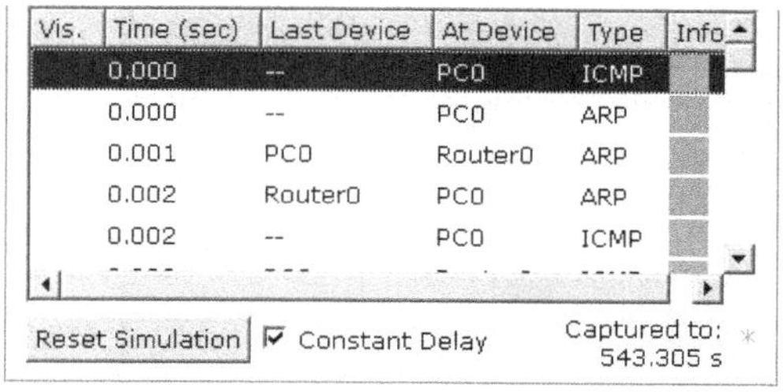

图 1-8 Event List 对话框

要了解协议的详细信息，可单击显示不用颜色的协议类型信息 Info；该功能非常强大，可提供详细的 OSI 模型信息和各层 PDU 信息。

1.3 网络设备管理

Packet Tracer 提供了很多典型的网络设备，它们有各自迥然不同的功能，自然其管理界面和使用方式也不同。这里就不一一介绍了，只详细介绍一下 PC 和路由器这两个设备的管理方法，其他设备操作方法都基本相同，请读者自行研究。

1.3.1 PC

一般情况下，PC 不像路由器那样有 CLI，它只需要在图形界面下简单地配置一下就行了。一般通过 Desktop 选项卡下面的 IP Configuration 就能实现简单的 IP 地址、子网、网关和 DNS 配置。此外，该选项卡还提供了拨号、终端、命令行（只能执行一般的网络命令）、Web 浏览器和无线网络功能，如图 1-9 所示。

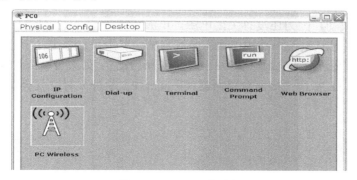

图 1-9 Desktop 选项卡

如果要设置 PC 自动获取 IP 地址，可以在 Config 选项卡里的 Global Settings 设置，如图 1-10 所示。

图 1-10 Config 选项卡

1.3.2 路由器

选好设备并连好线后，就可以直接进行配置了。然而有些设备，如某些路由器，需添加一些模块才能用。直接单击需配置的设备，就进入了其属性配置界面。这里只举例介绍路由器，其他设备可参考路由器自行学习探索。

路由器有 Physical、Config 和 CLI 3 个选项卡，在 Physical 选项卡中 MODULES（模块）下有许多模块，最常用的有 WIC-1T 和 WIC-2T，如图 1-11 所示。

在模块的右边是该路由器的外观图，有许多现成的接口，也有许多空槽。在空槽上可添加模块，如 WIC-1T 和 WIC-2T。用鼠标左键按住该模块不放，拖到你想放的插槽中即可添加；不过这样肯定不会成功，因为还没有关闭电源。电源位置如图 1-11 所示，就是带绿点的那个按钮。绿色表示开，默认情况下路由器电源是开启的，若用鼠标单击一下绿色按钮，它就会关闭。记得添加模块后重新打开电源，这时路由器又重新启动了。如果没有添加 WIC-1T 或 WIC-2T 模块，当用 DTE 或 DCE 线连接两台路由器（Router PT 除外）时，就会发现连不了，因为它还没有 Serial 这一接口。

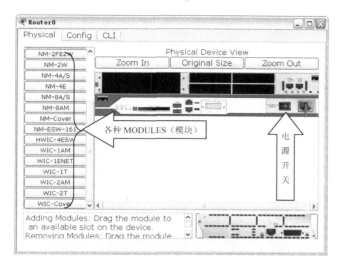

图 1-11　路由器 Physical 选项卡

在如图 1-12 所示的路由器 Config 选项卡中，可以设置路由器的显示名称，查看和配置路由协议与接口，如图 1-12 所示。不过不推荐在这里进行配置，因为在真实的路由器上不能这样做；最好在 CLI 中熟练使用命令进行配置的方法，CLI 命令行界面如图 1-13 所示。

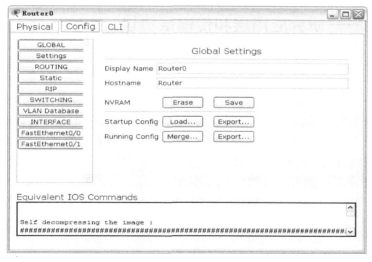

图 1-12　路由器 Config 选项卡

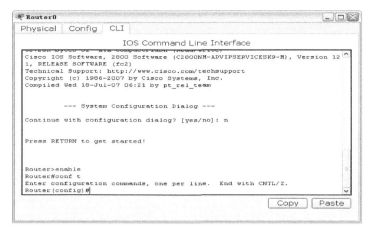

图 1-13　CLI 命令行界面

关于命令行配置界面——CCNA 展现技能的舞台，随后将以实例的方式详细描述。

1.4　实例

1.4.1　实例 1——研究应用层和传输层协议

1. 实例简介

Wireshark 是一个网络数据包分析软件，其功能是抓取网络数据包，并尽可能详细地显示出数据包的信息（如使用的协议、IP 地址、物理地址及数据包的内容，而且还可以根据不同的属性将抓取的数据包进行分类）。Wireshark 是一款很好的抓取、统计、分析数据包软件。

Wireshark 可以捕获和显示通过网络接口进出其所在 PC 的所有网络通信信息。Packet Tracer 的模拟模式可以捕获流经整个网络的所有网络通信信息，但它支持的协议数量有限。为尽可能接近实验的设置，我们将使用一台 PC 直接连接到 Web 服务器网络上，并捕获使用 URL 的网页请求。研究应用层和传输层协议拓扑如图 1-14 所示。

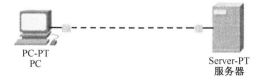

图 1-14　研究应用层和传输层协议拓扑

2. 学习目标

① 在 PC 上使用 URL 捕获 Web 请求；
② 运行模拟并捕获通信信息；
③ 研究所捕获的通信信息。

3. 操作过程

任务：在 PC 上使用 URL 捕获 Web 请求

→ 步骤 1——运行模拟并捕获通信。

进入 Simulation（模拟）模式，单击 PC，在 Desktop（桌面）上打开 Web Browser（Web 浏览器）。在浏览器中输入www.example.com，单击 Go（转到）将会发出 Web 服务器请求。最小化 Web 客户端配置窗口，Event List（事件列表）中将会显示两个数据包：将 URL 解析为服务器 IP 地址所需的 DNS 请求；将服务器 IP 地址解析为其硬件 MAC 地址所需的 ARP 请求。

单击 Auto Capture/Play（自动捕获/播放）按钮以运行模拟和捕获事件，收到"No More Events"（没有更多事件）消息后单击 OK（确定）按钮。

→ 步骤 2——研究捕获的通信。

在 Event List（事件列表）中找到第一个数据包，然后单击 Info（信息）列中的彩色正方形。单击事件列表中数据包的 Info（信息）正方形，打开 PDU Information（PDU 信息）窗口，此窗口将按 OSI 模型组织。注意：在我们查看的第一个数据包中，DNS 查询（第 7 层）封装在第 4 层的 UDP 数据段中，等等。如果单击这些层，将会显示设备（本例中为 PC）所使用的算法。查看每一层发生的事件。

当打开 PDU Information（PDU 信息）窗口时，默认显示 OSI Model（OSI 模型）视图。此时单击 Outbound PDU Details（出站 PDU 详细数据）选项卡，向下滚动到此窗口的底部，将会看到 DNS 查询在 UDP 数据段中封装成数据，并且封装于 IP 数据包中。

查看 PDU 信息，了解交换中的其余事件。

1.4.2 实例 2——检查路由

1. 实例简介

要通过网络传输数据包，设备必须知道通往目的网络的路由。本实验将比较在 Windows 计算机和 Cisco 路由器中分别是如何使用路由的。有些路由已根据网络接口的配置信息被自动添加到了路由表中。若网络配置了 IP 地址和网络掩码，设备会认为该网络已直接连接，网络路由也会被自动输入到路由表中。对于没有直接连接但配置了默认网关 IP 地址的网络，将发送信息到知道该网络的设备。检查路由的拓扑如图 1-15 所示。

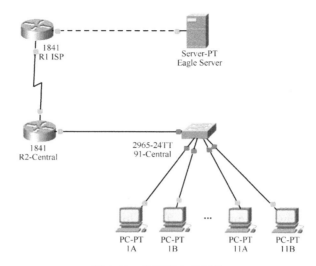

图 1-15 检查路由的拓扑

2. 学习目标

① 使用 route 命令查看 PT-PC 路由表；
② 使用命令提示符 Telnet 连接到 Cisco 路由器；
③ 使用基本的 Cisco IOS 命令检查路由器的路由。

3. 操作过程

任务 1：查看路由表

→ 步骤 1——访问命令提示符。

单击 PC> Desktop（桌面）选项卡> Command Prompt（命令提示符）

→ 步骤 2——输入 netstat -r 以查看当前的路由表。

注意：route 命令可用于查看、添加、删除或更改路由表条目。

任务 2：使用命令提示符 Telnet 连接到路由器

→ 使用命令提示符连接路由器的步骤如下：

单击 PC > Desktop（桌面）选项卡> Command Prompt（命令提示符）打开命令提示符窗口。然后输入命令 telnet 及远程路由器默认网关的 IP 地址（172.16.255.254）。需要输入的用户名为 ccna1，口令为 cisco。

注意：输入时看不到口令。

任务 3：使用基本的 Cisco IOS 命令检查路由器的路由

→ 步骤 1——学习特权模式。

登录到远程路由器之后，输入 enable 命令进入特权模式。此处需要输入的口令为 class。在输入时仍然看不到口令。

→ 步骤 2——输入命令以显示路由器的路由表。

使用 show ip route 命令显示路由表，它比主机计算机上显示的路由表更加详细。这是正常行为，因为路由器的工作就是在网络之间完成通信。

注意 IP 掩码信息如何显示在路由器的路由表中。

1.4.3 实例 3——研究 ICMP 数据包

1．实例简介

Wireshark 可以捕获和显示通过网络接口进出其所在 PC 的所有网络通信信息。Packet Tracer 的模拟模式可以捕获流经整个网络的所有网络通信信息，但支持的协议数量有限。在我们使用的网络中包含一台通过路由器连接到服务器的 PC，该路由器可以捕获从 PC 发出的 ping 命令。研究 ICMP 数据包的拓扑如图 1-16 所示。

2．学习目标

① 了解 ICMP 数据包的格式；
② 使用 Packet Tracer 捕获并研究 ICMP 报文。

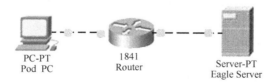

图 1-16 研究 ICMP 数据包的拓扑

3．操作过程

任务：使用 Packet Tracer 捕获和研究 ICMP 报文

→ 步骤 1——捕获并评估到达 Eagle Server 的 ICMP 回应报文。

进入 Simulation（模拟）模式。Event List Filters（事件列表过滤器）设置为只显示 ICMP 事件。单击 Pod PC，从 Desktop（桌面）打开 Command Prompt（命令提示符），输入命令 ping eagle-server.example.com 并按 Enter 键，最小化 Pod PC 配置窗口，单击 Auto Capture/Play（自

动捕获/播放）按钮以运行模拟和捕获事件。当收到"No More Events"（没有更多事件）消息时单击 OK（确定）按钮。

在 Event List（事件列表）中找到第一个数据包，即第一条回应请求，然后单击 Info（信息）列中的彩色正方形。当单击事件列表中数据包的 Info（信息）正方形时，将会打开 PDU Information（PDU 信息）窗口。单击 Outbound PDU Details（出站 PDU 详细数据）选项卡以查看 ICMP 报文的内容。

注意：Packet Tracer 只显示 TYPE（类型）和 CODE（代码）字段。

要模拟 Wireshark 的运行，请在其中 At Device（在设备）显示为 Pod PC 的下一个事件中单击其彩色正方形。这是第一条应答，单击 Inbound PDU Details（入站 PDU 详细数据）选项卡以查看 ICMP 报文的内容。

查看 At Device（在设备）为 Pod PC 的其余事件，当完成时单击 Reset Simulation（重置模拟）按钮。

→ 步骤 2——捕获并评估到达 192.168.253.1 的 ICMP 回应报文。

使用 IP 地址 192.168.253.1 重复步骤 1。观看动画，注意哪些设备参与交换。

→ 步骤 3——捕获并评估超过 TTL 值的 ICMP 回应报文。

Packet Tracer 不支持 ping-i 选项。在模拟模式中，可以使用 Add Complex PDU（添加复杂 PDU）按钮（开口的信封）设置 TTL。

单击 Add Complex PDU（添加复杂 PDU）按钮，然后单击 Pod PC（源），将会打开 Create Complex PDU（创建复杂 PDU）对话框。在 Destination IP Address（目的 IP 地址）字段中输入 192.168.254.254。将 TTL 字段中的值改为 1，在 Sequence Number（序列号）字段中输入 1，在 Simulation Settings（模拟设置）下选择 Periodic（定期）选项，在 Interval（时间间隔）字段中输入 2。单击 Create PDU（创建 PDU）按钮。此操作等同于从 Pod PC 上的命令提示符窗口发出命令 ping -t -i 1 192.168.254.254。

重复单击 Capture/Forward（捕获/转发）按钮，以在 Pod PC 与路由器之间生成多次交换。

在 Event List（事件列表）中找到第一个数据包，即第一个回应请求，然后单击 Info（信息）列中的彩色正方形。当单击事件列表中数据包的 Info（信息）正方形时，将会打开 PDU Information（PDU 信息）窗口。单击 Outbound PDU Details（出站 PDU 详细数据）选项卡以查看 ICMP 报文的内容。

要模拟 Wireshark 的运行，请在其中 At Device（在设备）为 Pod PC 的下一个事件中单击其彩色正方形，这是第一条应答。单击 Inbound PDU Details（入站 PDU 详细数据）选项卡以查看 ICMP 报文的内容。

查看 At Device（在设备）为 Pod PC 的其余事件。

1.4.4 实例 4——子网和路由器配置

1. 实例简介

在本 PT 练习中，需要为拓扑图中显示的拓扑设计并应用 IP 编址方案（该操作将会为您分配一个地址块，您必须划分子网，为网络提供逻辑编址方案），然后就可以根据 IP 编址方案配置路由器接口地址。当配置完成时，请验证网络可以正常运作。子网和路由器配置的拓扑如图 1-17 所示。

图 1-17 子网和路由器配置的拓扑

2. 学习目标

① 根据要求划分子网的地址空间；
② 分配适当的地址给接口并进行记录；
③ 配置并激活 Serial 和 FastEthernet 接口；
④ 测试和验证配置；
⑤ 思考网络实施并整理成文档。

3. 操作过程

任务 1：划分子网的地址空间

→ 步骤 1——检查网络要求。

已经有 192.168.1.0/24 地址块供您用于网络设计，要求如下：

- 连接到路由器 R1 的 LAN 要求具有能够支持 15 台主机的 IP 地址；
- 连接到路由器 R2 的 LAN 要求具有能够支持 30 台主机的 IP 地址；
- 路由器 R1 与路由器 R2 之间的链路要求链路的每一端都有 IP 地址；
- 不要在本练习中使用可变长子网划分。

→ 步骤 2——在设计网络时要考虑以下问题，在笔记本或单独的纸张上回答。

- 此网络需要多少个子网？
- 此网络以点分十进制格式表示的子网掩码是什么？
- 此网络以斜杠格式表示的子网掩码是什么？
- 每个子网有多少台可用的主机？

→ 步骤3——分配子网地址给拓扑图。
- 分配第二个子网给连接到 R1 的网络；
- 分配第三个子网给 R1 与 R2 之间的链路；
- 分配第四个子网给连接到 R2 的网络。

任务 2：确定接口地址

→ 步骤1——分配适当的地址给设备接口。
- 分配第二个子网中第一个有效的主机地址给 R1 的 LAN 接口；
- 分配第二个子网中最后一个有效的主机地址给 PC1；
- 分配第三个子网中第一个有效的主机地址给 R1 的 WAN 接口；
- 分配第三个子网中最后一个有效的主机地址给 R2 的 WAN 接口；
- 分配第四个子网中第一个有效的主机地址给 R2 的 LAN 接口；
- 分配第四个子网中最后一个有效的主机地址给 PC2。

→ 步骤2——在拓扑图下的表中记录要使用的地址。

任务 3：配置 Serial 和 FastEthernet 的地址

→ 步骤1——配置路由器接口。

要完成 Packet Tracer 中的练习，须要使用 Config（配置）选项卡。完成后，务必保存运行配置到路由器的 NVRAM。

注意：
- 必须打开接口的端口状态；
- 所有 DCE 串行连接的时钟速率均为 64 000 bps。

→ 步骤2——配置 PC 接口。

使用网络设计中确定的 IP 地址和默认网关来配置 PC1 和 PC2 的以太网接口。

任务 4：验证配置

回答下列问题，验证网络能否正常运行：
- 能否从连接到 R1 的主机 ping 默认网关？
- 能否从连接到 R2 的主机 ping 默认网关？
- 能否从路由器 R1 ping R2 的 Serial 0/0/0 接口？
- 能否从路由器 R2 ping R1 的 Serial 0/0/0 接口？

注意：要想从路由器执行 ping 操作，必须转到 CLI 选项卡。

1.4.5 实例 5——研究第 2 层帧头

1．实例简介

当 IP 数据包通过网间时，可封装在许多不同的第 2 层帧中。Packet Tracer 支持以太网、Cisco 的私有 HDLC、基于 PPP 的 IETF 标准以及第 2 层的帧中继。当数据包在路由器之间传送时，第 2 层帧将会解封，而数据包将封装在出站接口的第 2 层帧中。本练习将跟踪网间的 IP 数据包，研究不同的第 2 层封装。研究第 2 层帧头的拓扑如图 1-18 所示。

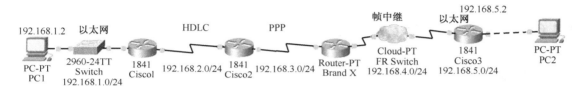

图 1-18　研究第 2 层帧头的拓扑

2．学习目标

① 研究网络；
② 运行模拟。

3．操作过程

任务 1：研究网络

→　步骤 1——研究路由器之间的链路。

PC1 通过 4 个路由器连接到 PC2，这些路由器之间的 3 条链路各自使用不同的第 2 层封装。Cisco1 与 Cisco2 之间的链路使用 Cisco 的私有 HDLC；Cisco2 与 Brand X 之间的链路使用基于 PPP 的 IETF 标准，因为 Brand X 不是 Cisco 路由器；Brand X 与 Cisco3 之间的链路使用帧中继，由服务商提供网络，以降低成本（与使用专用链路相比）。

→　步骤 2——在实时模式中验证连通性。

从 PC1 的 Command Prompt（命令提示符）ping PC2 的 IP 地址。使用命令 ping 192.168.5.2。如果 ping 操作超时，请重复该命令直至成功。可能须要尝试多次才能覆盖网络。

任务 2：运行模拟

→　步骤 1——开始模拟。

进入模拟模式。PC1 的 PDU 是发往 PC2 的 ICMP 回应请求。单击两次 Capture/Forward（捕获 / 转发）按钮直到 PDU 到达路由器 Cisco1。

→ 步骤 2——研究第 2 层封装。

单击路由器 Cisco1 上的 PDU，将会打开 PDU Information（PDU 信息）窗口。单击 Inbound PDU Details（入站 PDU 详细数据）选项卡。入站第 2 层封装是以太网 II 帧，因为此帧来自 LAN。单击 Outbound PDU Details（出站 PDU 详细数据）选项卡。出站第 2 层封装是 HDLC，因为此帧要发送到路由器 Cisco2。

再次单击 Capture/Forward（捕获/转发）按钮。重复此过程，因为 PDU 将沿着通往 PC2 的路径到达每个路由器，注意第 2 层封装在每一跳的变化。

注意：已封装的 IP 数据包不会改变。

1.4.6 实例 6——地址解析协议（ARP）

1. 实例简介

TCP/IP 使用地址解析协议（ARP）将第 3 层 IP 地址映射到第 2 层 MAC 地址。当帧进入网络时，必定有目的 MAC 地址。为了动态发现目的设备的 MAC 地址，系统将在 LAN 上广播 ARP 请求。拥有该目的 IP 地址的设备将会发出响应，而对应的 MAC 地址将被记录到 ARP 缓存中。LAN 上的每台设备都有自己的 ARP 缓存，或者利用 RAM 中的一小块区域来保存 ARP 结果。ARP 缓存定时器将会删除在指定时间段内未使用的 ARP 条目，具体时间因设备而异。例如，有些 Windows 操作系统存储 ARP 缓存条目的时间为 2 min，但如果该条目在这段时间内被再次使用，其 ARP 定时器将延长至 10 min。ARP 是性能折中的极佳示例。如果没有缓存，每当帧进入网络时，ARP 都必须不断请求地址转换。这样会增加通信的延时，可能会造成 LAN 拥塞。反之，无限制的保存时间可能导致离开网络的设备出错或更改第 3 层地址。网络工程师必须了解 ARP 的工作原理，但可能不会经常与协议交互。ARP 是一种使网络设备可以通过 TCP/IP 协议进行通信的协议。如果没有 ARP，就没有建立数据报第 2 层目的地址的有效方法。但 ARP 也是潜在的安全风险。例如，ARP 欺骗或 ARP 中毒就是攻击者用来将错误的 MAC 地址关联放入网络的技术。攻击者伪造设备的 MAC 地址，致使帧发送到错误的目的地。手动配置静态 ARP 关联是预防 ARP 欺骗的方法之一。您也可以在 Cisco 设备上配置授权的 MAC 地址列表，只允许认可的设备接入网络。地址解析协议的拓扑如图 1-19 所示。

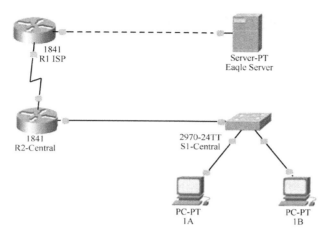

图 1-19 地址解析协议的拓扑

2．学习目标

① 使用 Packet Tracer 的 arp 命令；
② 使用 Packet Tracer 检查 ARP 交换。

3．操作过程

任务 1：使用 Packet Tracer 的 arp 命令

→ 步骤 1——访问命令提示符窗口。

单击 PC 1A 的 Desktop（桌面）中的 Command Prompt（命令提示符）按钮。arp 命令只显示 Packet Tracer 中可用的选项。

→ 步骤 2——使用 ping 命令在 ARP 缓存中动态添加条目。

ping 命令可用于测试网络的连通性，通过访问其他设备，ARP 关联会被动态添加到 ARP 缓存中。在 PC 1A 上 ping 地址 255.255.255.255 并发出 arp -a 命令查看获取的 MAC 地址。

任务 2：使用 Packet Tracer 检查 ARP 交换

→ 步骤 1——配置 Packet Tracer 捕获数据包。

进入模拟模式，确认 Event List Filters（事件列表过滤器）只显示 ARP 和 ICMP 事件。

→ 步骤 2——准备 Pod 主机，以执行 ARP 捕获。

在 PC 1A 上使用 Packet Tracer 命令 arp–d，然后 ping 地址 255.255.255.255。

→ 步骤 3——捕获并评估 ARP 通信。

在发出 ping 命令之后，单击 Auto Capture/Play（自动捕获／播放）捕获数据包。当 Buffer Full（缓冲区已满）窗口打开时，单击 View Previous Events（查看以前的事件）按钮。

1.4.7 实例 7——中间设备用作终端设备

1. 实例简介

鉴于 Packet Tracer 的局限性以及交换的数据量,本练习限于捕获从 PC 到交换机的 Telnet 连接。中间设备用作终端设备的拓扑如图 1-20 所示。

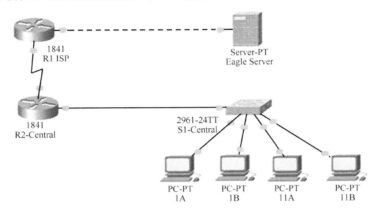

图 1-20　中间设备用作终端设备的拓扑

2. 学习目标

① 捕获 Telnet 会话的建立过程;
② 研究 PC 上 Telnet 数据包的交换过程。

3. 操作过程

任务 1:初始化所有网络表

→ 步骤 1——完成生成树协议。

实时与模拟模式之间切换 4 次,完成生成树协议,所有链路指示灯应变为绿色。将 Pactet Tracer 保留在实时模式中。

→ 步骤 2——ping 交换机。

访问 PC 1A,从 Desktop(桌面)上打开 Command Prompt(命令提示符),输入命令 ping 172.16.254.1。这将更新 PC 及交换机的 ARP 信息。

任务 2:捕获 Telnet 会话的建立过程

→ 步骤 1——进入模拟模式。

切换到模拟模式。

→ 步骤 2——设置事件列表过滤器。

在 Event List Filters（事件列表过滤器）区域，确认只显示 Telnet 事件。

→ 步骤 3——从 PC 1A 上 Telnet 连接到交换机。

在 PC 1A 的 Command Prompt（命令提示符）中输入命令 telnet 172.16.254.1，当 Trying Telnet（正在尝试 Telnet）显示时，继续下一步。

→ 步骤 4——运行模拟。

单击 Auto Capture/Play（自动捕获/播放）按钮，恢复 PC 1A 窗口。当提示输入口令时，输入 cisco 并按 Enter 键。最小化 PC 1A 窗口，当 Buffer Full（缓冲区已满）窗口出现时，单击 View Previous Events（查看以前的事件）按钮。

根据提示输入用户名 ccna1，输入口令 cisco。

任务 3：研究 PC 1A 上的 Telnet 数据包交换

→ 步骤 1——研究封装的 Telnet 数据。

要模拟 Wireshark 的运行，请研究数据包 At Device（在设备上）1A。在 Inbound PDU Details（入站 PDU 详细数据）和 Outbound PDU Details（出站 PDU 详细数据）中检查封装的 Telnet 数据。

→ 步骤 2——考虑 Telnet 的运行。

恢复 PC 1A 窗口，将输出与封装的 Telnet 数据进行比较，确认封装的 Telnet 数据中是否包含口令。

1.4.8 实例 8——管理设备配置

1. 实例简介

本实验将在 Cisco 路由器上配置常用设置，并将配置保存到 TFTP 服务器上，然后从 TFTP 服务器上恢复配置。管理设备配置的拓扑如图 1-21 所示，管理设备配置的 IP 地址表如表 1-1 所示。

图 1-21 管理设备配置的拓扑

表 1-1　管理设备配置的 IP 地址表

设　　备	接　　口	IP 地址	子网掩码	使能加密口令	VTY / 控制台口令
Router1	F0/0	192.168.1.1	255.255.255.0	class	cisco

2．学习目标

① 执行基本的路由器配置；
② 备份路由器配置文件；
③ 从 TFTP 服务器上将备份配置文件重新加载到路由器的 RAM 中；
④ 保存新的运行配置到 NVRAM。

3．操作过程

任务 1：配置 Router1

→ 步骤 1——Router1 的基本配置。

使用表 1-1 配置路由器主机名。配置 FastEthernet 接口及其说明。以 cisco 为口令，保护对控制台端口的访问。使用加密的使能口令 class 配置路由器，使用口令 cisco 限制对路由器的远程访问。配置标语，警告此处禁止未经授权的人员访问。在路由器上执行 show running-config 命令验证路由器的配置。如果配置不正确，则修正任何配置错误，然后重试，并将配置保存到 NVRAM 中。

任务 2：配置 TFTP 服务器

→ 步骤 1——配置 TFTP 服务器。

使用以下信息将第 3 层地址和默认网关应用于 TFTP 服务器。

- IP 地址：192.168.1.2；
- 子网掩码：255.255.255.0；
- 默认网关：192.168.1.1。

→ 步骤 2——验证连通性。

从 Router1 上 ping TFTP 服务器（TFTP Server）。如果 ping 操作失败，请检查 TFTP 和路由器配置，以解决问题。

任务 3：备份启动配置到 TFTP 服务器

→ 复制配置的步骤如下所述。

在 Router1 上使用 Copy Start TFTP 命令。输入 TFTP IP 地址作为远程主机的地址，保留所有其他问题为默认值（按 Enter 键）。

任务 4：验证配置已传输到 TFTP 服务器

→ 验证 TFTP 传输的步骤如下所述。

先单击 TFTP 服务器，接着单击 Config（配置）选项卡，然后单击 TFTP 选项卡。确认列出了 RouteR1-config 文件（应位于列表底部）。

1.5 本章小结

Packet Tracer 是一套由 Cisco 公司所设计的网络互联模拟软件。由于真实路由器的取得较为不易，而且就模拟一个互联网络架构而言，至少需要两台路由器和两台以上个人计算机才可达到转送封包的效果，Packet Tracer 提供了一个方便的模拟方式，只要在软件的操作平面内布置上实验所需的设备，即可以在个人计算机上进行模拟的网络配置，使用者也可以在各种设备的演示上进行模拟操作；如 PC 设备可以提供远端登录界面，让使用者登录此 PC 使用 RS-232 连接 Router。远端登录设定该 Router 的功能，几乎和使用一般设备相同，相当方便，其他的网络设备也同样可以模拟所有实体设备的功能。

本章内容只是比较简单地介绍了界面的使用和个别设备的使用，对于该软件强大的功能，需要学习者自我钻研，不断创新，挖掘该软件带来的巨大便利。

思考与练习

① Cisco Packet Tracer 一般都是英文显示的界面，请问怎么可以转换为中文状态的界面？自己对比试一试中文和英文状态有什么区别。

② 你记住 Cisco Packet Tracer 上的各个设备和线缆了吗？请详细介绍一下它们的图标和功能。

③ 假如自己是一名网络管理员，根据自己所在的地方，利用 PT 软件上的设备和连接线，在 PT 软件上画出自己学校或者单位的网络拓扑图，并验证连通性。

④ 自己搭建一个 Web 服务器，利用客户机进行访问，在软件模拟状态下查看数据的传输过程。熟悉数据在七层模型中传输的单位和编码方式。

⑤ 熟练 PT 软件界面中 PC、交换机和路由器等的功能和作用，并能熟练模拟练习各模块的功能，尝试自己做一个简单局域网的分布图。

⑥ 请描述一下该软件带给你的快乐生活，为了锻炼你的语言表达等各方面能力，假如你是一名指导教师，请给你的服务对象详细介绍该软件的各方面功能，让他们和你一样可以轻松学习网络知识，不再为没有设备而苦恼。你准备好了吗？

实验实训篇

第 2 章 >>>

网络基础

本章要点

- 物理层连接
- 数据链路层连接
- 网络层与网络编址
- 传输层与 TCP

2.1 物理层连接

OSI 物理层通过网络介质传输比特流或者位流。物理层的用途是创建电信号、光信号或微波信号，以实现对上层数据的传输。

2.1.1 物理介质的连接

1．双绞线

在 Packet Tracer 中有多种线缆连接设备，其中双绞线是最常用的线缆之一。按照线序的不同，双绞线有两种类型（如图 2-1 所示）：一种是直通线，或者叫直连线；一种是交叉线。

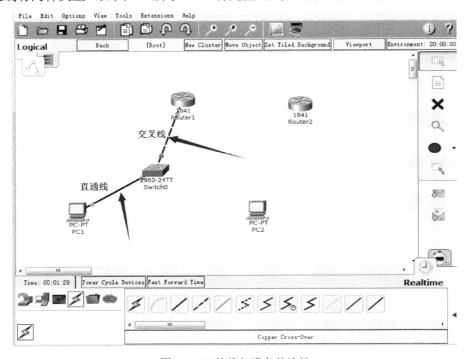

图 2-1　双绞线与设备的连接

从图 2-1 中可以看出，同种设备之间的连接所使用的是交叉线，如路由器与路由器，交换机与交换机；不同设备之间连接使用的是直通线，如路由器与交换机，交换机与计算机。那么在图 2-1 中，为什么路由器与计算机或服务器连接所使用的也是交叉线呢？这是因为计算机和服务器在与路由器连接时，实际上是它们的以太网卡与路由器的以太网接口连接。

2. 串行线

在路由器上有多种物理接口，除了以太网口外，还有一种常用的接口——串行接口，如图 2-2 所示。

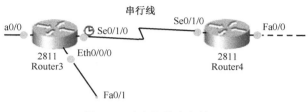

图 2-2 路由器的串行接口

串行接口有 DCE 和 DTE 两种，一般 DCE 用于发送端，DTE 用于接收端，在 DCE 端要设置时钟频率。

3. 其他连接形式

除了上面介绍的连接形式外，还有使用光纤、电话线、设备配置线和电话线等连接的方式，如图 2-3 所示，这里不做详细介绍。

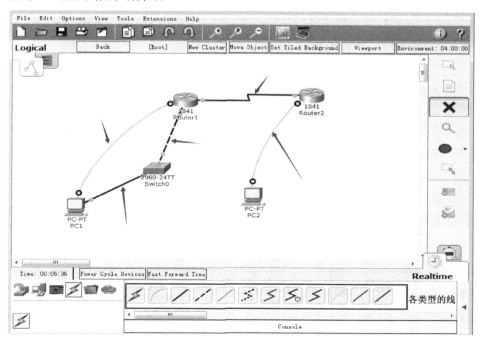

图 2-3 其他连接线缆

2.1.2 实例——熟悉物理设备及其连接

1. 实例简介

在实验环境中使用 Packet Tracer，按照任务要求完成实验。在实验中，须配置设备或端口的 IP 地址，物理设备连接实验的拓扑如图 2-4 所示，设备端口 IP 地址如表 2-1 所示。

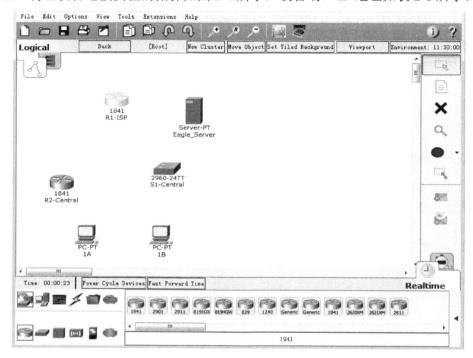

图 2-4 物理设备连接实验的拓扑

表 2-1 设备端口 IP 地址

设 备	接 口	IP 地址	IP 地址	默认网关
R1-ISP	F0/0	192.168.254.253	255.255.255.0	不适用
	S0/0/0	10.10.10.6	255.255.255.252	不适用
R2-Central	F0/0	172.16.255.254	255.255.0.0	不适用
	S0/0/0	10.10.10.5	255.255.255.252	不适用
S1-Central	VLAN1	172.16.254.1	255.255.0.0	172.16.255.254
PC 1A	网卡	172.16.1.1	255.255.0.0	172.16.255.254
PC 2B	网卡	172.16.1.2	255.255.0.0	172.16.255.254
Eagle_Server	网卡	192.168.254.254	255.255.255.0	192.168.254.253

2. 学习目标

① 掌握同种设备连接的方法；
② 掌握不同设备连接的方法；
③ 掌握串行线和光纤等线缆的使用方法。

3. 操作过程

任务 1：认识物理设备和连接介质

→ 步骤 1——认识物理设备。

在 Packet Trace 的设备选择区域查看各种设备的图标，选择设备放置在工作区，双击设备查看设备的物理外观。

→ 步骤 2——认识连接介质。

在 Packet Tracer 的连接介质选择区域查看各种连接介质。

任务 2：在标准实验设置中连接设备

→ 步骤 1——连接设备。

使用适当的电缆，将 PC 1A 和 PC 1B 分别连接到交换机 S1-Central 的第一个和第二个端口。

单击路由器 R2-Central，使用 Config（配置）选项卡检查配置。使用适当的电缆，将路由器的适当接口连接到交换机 S1-Central 的接口 FastEthernet0/24。

单击两个路由器，使用 Config 选项卡检查配置。使用适当的接口和电缆将路由器连接到一起，单击路由器 R1-ISP，使用 Config 选项卡检查配置。使用适当的电缆，将路由器的适当接口连接到 Eagle Server 的适当接口。

→ 步骤 2——验证连通性。

从两台 PC 的 Desktop（桌面）的 Command Prompt（命令提示符）发出命令 ping 192.168.254.254（Eagle Server 的 IP 地址）；如果 ping 操作失败，则检查连接并排除故障，直到 ping 操作成功为止。

2.2 数据链路层连接

数据链路层负责通过物理网络的介质在节点之间交换帧。

2.2.1 认识和熟悉帧

1．帧的构成

帧是每个数据链路层协议的关键要素，数据链路层使用帧头和帧尾将数据包封装成帧，以便经本地介质传输数据包，帧的格式如图 2-5 所示。

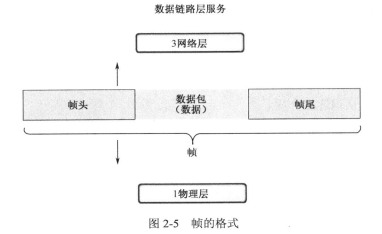

图 2-5 帧的格式

2．通过网际网络跟踪数据

LAN 用户要访问远程服务器上的网页，用户首先激活网页上的连接，如图 2-6 所示。

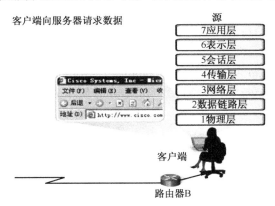

图 2-6 激活网页上的连接

浏览器发出 HTTP Get 请求，应用层添加第 7 层报头，用于表示应用程序和数据类型，如图 2-7 所示。

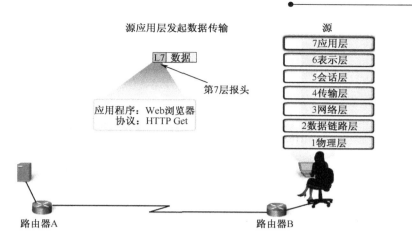

图 2-7　添加应用层报头

传输层标识出上层服务是 WWW 客户端，传输层将此服务与 TCP 协议相关联，并分配与此创建会话相关联的随机源端口号（12345），目的端口（80）与 WWW 相关，如图 2-8 所示。

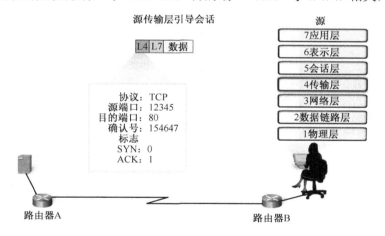

图 2-8　分配随机源端口

网络层构建 IP 数据包，以便标识源主机和目的主机，如图 2-9 所示。

数据链路层参照 ARP 协议协议缓存来确定与路由器 B 接口关联的 MAC 地址，该地址被指定为默认网关。然后，它使用此地址构建以太网帧，通过本地介质传输 IPv4 数据包，该帧使用笔记本电脑的 MAC 地址作为源 MAC 地址，使用路由器 B 的 Fa0/0 接口的 MAC 地址作为目的 MAC 地址，如图 2-10 所示。

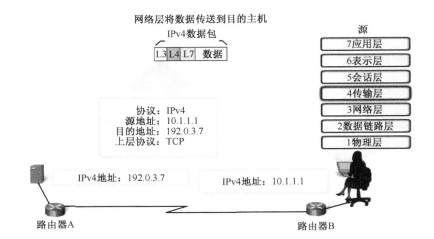

图 2-9　创建 IP 数据包

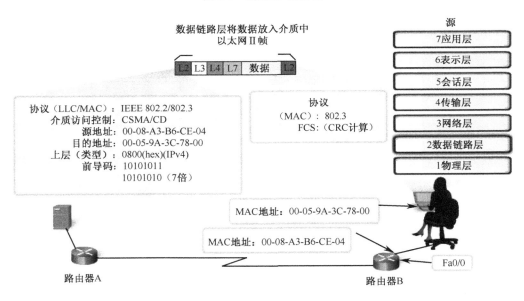

图 2-10　数据链路层帧

物理层开始将帧逐位编码到介质中进行数据传输。

路由器的数据链路层从接口上取走数据,去掉帧头和帧尾,并将数据包上传到网络层。

网络层将数据包的目的 IPv4 地址与路由表中的路由相比较,找出下一跳接口,然后将数据包转发到相应接口电路上,如图 2-11 所示。

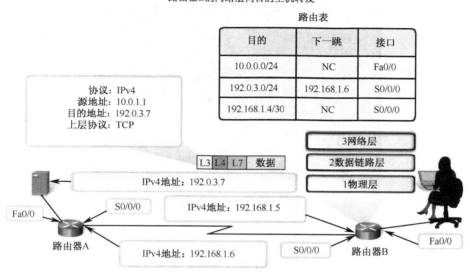

图 2-11　网络层的数据包转发

路由器 B 的数据链路层（端口 S0/0/0）将数据重新封装成 PPP 帧，并放入传输介质中，通过 WAN 传输数据包。

至此，完成了客户访问网页的发送任务，在接下来的接收过程是发送过程的逆过程，即 PPP 帧的解封→上传至路由器 A 的网络层→利用路由表找出匹配出口 Fa0/0→封装成以太网帧→物理层传输→PC 以太网卡接收到以太网帧→层层解封获得服务请求。

2.2.2　MAC 地址与 ARP 协议

1. MAC 地址

当源设备转发报文到以太网时，将会附加 MAC 地址中的帧头信息。源设备通过网络发送数据。网络中的每个网卡都会检查信息，查看 MAC 地址是否与其物理地址匹配。如果不匹配，设备就会丢弃帧。当网卡的 MAC 地址与到达帧的目的 MAC 地址匹配时，网卡会将帧向上传送到网络层进行解封处理。

所有连接到以太网 LAN 的设备都有确定的 MAC 地址接口。MAC 地址被分配到工作站、服务器、打印机、交换机和路由器——必须要通过网络发送和 / 或接收数据的任何设备。

查看计算机的 MAC 地址的工具是 ipconfig/all 或 ifconfig 命令，如图 2-12 所示。

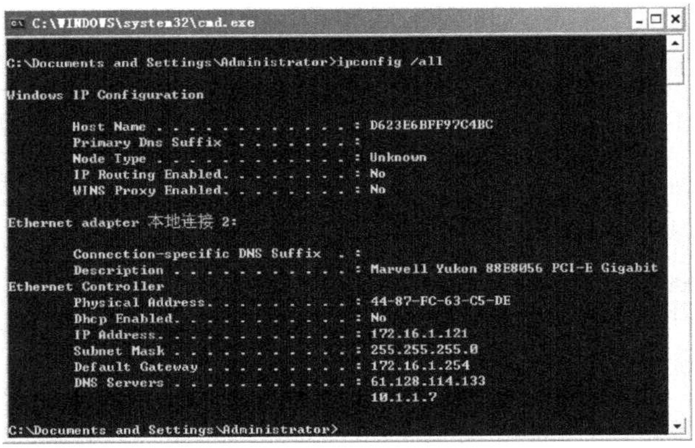

图 2-12 利用 ipconfig/all 命令查看 MAC 地址

2．ARP 协议

ARP 协议参照 ARP 表将 IPv4 地址解析为 MAC 地址，不仅如此，ARP 还要维护 ARP 表，对 ARP 表中的一一对应关系进行动态更新和维护。

在 ARP 解析过程中，如果目的 IPv4 主机在本地网络上，帧将使用此设备的 MAC 地址作为目的 MAC 地址。如果目的 IPv4 主机不在本地网络上，则源节点需要将帧传送到作为网关的路由器接口，或用于到达该目的地的下一跳。源节点将使用网关的 MAC 地址作为帧（其中含有发往其他网络上主机的 IPv4 数据包）的目的地址。

2.2.3 实例——网间数据包跟踪

1．实例简介

通过前面的学习，我们知道数据在发送和接收的过程中其 PDU 会发生多种变化，通过 Packet Tracer 的模拟模式，我们可以通过捕获数据包来进一步学习数据的封装与解封。数据包跟踪实验拓扑如图 2-13 所示。

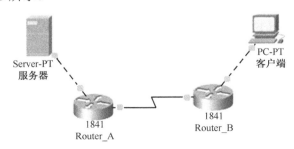

图 2-13 数据包跟踪实验拓扑

2. 学习目标

① 熟悉模拟环境的界面；
② 熟悉捕捉数据包过程；
③ 熟练使用数据包过滤方法；
④ 捕捉特定数据包并对其进行分析。

3. 操作过程

任务 1：跟踪 HTTP 发起的数据包

→ 步骤 1——初始化网络。

在实时模式中，从 PC 客户端的 Desktop 上打开 Web Browser（Web 浏览器）。在 URL 中输入 192.0.2.7，然后单击 Go（转到）按钮，检索网页。

→ 步骤 2——设置事件列表过滤器。

切换到模拟模式，在 Event List Filters（事件列表过滤器）区域中单击 Edit Filters（编辑过滤器）按钮，只选择 HTTP 事件，如图 2-14 所示。

图 2-14 事件过滤器设置

→ 步骤 3——逐步运行模拟。

在 PC 客户端的浏览器中单击 Go 按钮重新请求网页，单击 Capture/Forward（捕获 / 转发）按钮，研究数据包，然后再单击 Capture/Forward（捕获 / 转发）按钮，打开数据包以便研究过程中每个步骤的数据包。如图 2-15 所示。分析完数据包之后，切换到实时模式，然后单击 Power Cycle Devices（设备重新通电）按钮重新启动设备，当链路指示灯从红色变为绿色时，返回模拟模式。

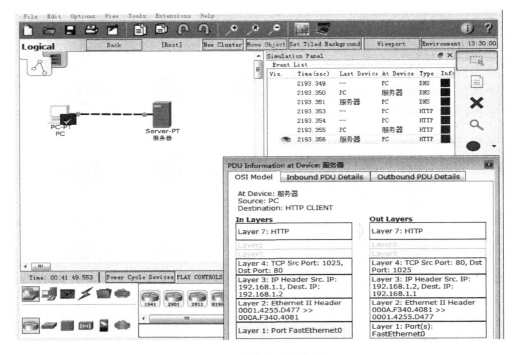

图 2-15 捕获并分析数据包

任务 2：观察其他协议发起的数据包

→ 步骤 1——查看更多协议。

在 Event List Filters 区域中单击 Edit Filters 按钮，选择 HTTP、DNS、TCP、UDP、ARP 和 UDP 协议。

→ 步骤 2——逐步运行模拟。

打开 PC 客户端的 Web Browser，在 URL 中输入 eagle-server.example.com，单击 Go 按钮，重复单击 Capture/Forward 按钮，然后查看各种协议的数据包。

2.3 网络层与网络编址

网络层介于传输层和数据链路层之间，它借助数据链路层提供的两个相邻端点之间数据帧的传送功能进一步管理网络中的数据通信，将数据设法从源端经过若干个中间节点传送到目的端，从而向传输层提供最基本的端到端的数据传送服务。

2.3.1 网关与路由

1. 网关——网络的出口

向本地网络外发送数据包需要使用网关,也称为默认网关。如果数据包目的地址的网络部分与发送主机的网络不同,则必须将该数据包路由到发送网络以外。为此,需要将该数据包发送到网关,此网关是连接到本地网络的路由器接口。网关接口具有与主机网络地址匹配的网络层地址,主机则将该地址配置为网关。

2. 路由——通往网络的路径

路由器依靠路由表来工作,路由表中存储了有关连接的网络和远程网络的信息。无论是本地网络,还是外部网络,都需要从路由表中找到"出路"。路由器将数据包报头中的目的地址与路由表中某个路由的目的网络匹配,然后将数据包转发到该路由指定的下一跳路由器。

2.3.2 网络编址

1. 网络编址的步骤

在进行网络规划时,制定网络编址方案是非常重要的一部分,根据给定的要求进行地址规划,步骤如下所述。
- 确定主机总数及子网个数;
- 划分子网,确定网络地址和子网掩码;
- 确定主机地址范围,分配主机地址。

2. VLSM 可变长子网掩码

在给定的 IP 地址空间进行子网划分时,如果一个子网的主机较多,为了节省 IP 地址,需要进行缩短网络位延长主机位的计算,从而使得子网掩码由标准掩码变为不标准掩码,这就是 VLSM 可变长子网掩码,即根据每个网络中的主机数量指定该网络的前缀和主机位。

2.3.3 实例——规划子网和配置 IP 地址

1. 实例简介

通过本实验可以进一步练习子网划分技巧,熟练 VLSM 的子网划分方法。子网划分实验拓扑如图 2-16 所示。

2. 学习目标

① 解释 IP 地址的结构并掌握换算 8 位二进制和十进制数字的方法；
② 根据需求按网络编址步骤进行编址；
③ 确定主机地址的网络部分并说明子网掩码在划分网络中的作用；
④ 根据给定的 IPv4 地址信息和设计标准，计算相应的地址组成部分；
⑤ 在主机上使用常用的测试实用程序来验证和测试网络连通性以及 IP 协议栈的运行状态。

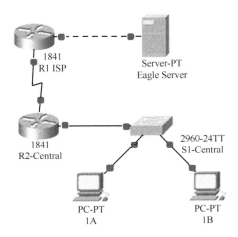

图 2-16　子网划分实验拓扑

3. 操作过程

任务 1：IP 子网规划

为您分配的 IP 地址块为 192.168.23.0/24，您必须支持现有的网络，同时还要考虑未来的发展。

子网的具体情况为：
- 第 1 个子网为现有的学生 LAN（连接路由器 R2-Central），最多支持 60 台主机；
- 第 2 个子网为未来的学生 LAN，最多支持 28 台主机；
- 第 3 个子网为现有的 ISP LAN，最多支持 12 台主机；
- 第 4 个子网为未来的 ISP LAN，最多支持 8 台主机；
- 第 5 个子网为现有的 WAN，采用点到点链路；
- 第 6 个子网为未来的 WAN，采用点到点链路；
- 第 7 个子网为未来的 WAN，采用点到点链路。

接口 IP 地址：

- 对于服务器，配置现有 ISP LAN 子网中可用的第二大 IP 地址；
- 对于 R1-ISP 的 Fa0/0 接口，配置现有 ISP LAN 子网中可用的最大 IP 地址；
- 对于 R1-ISP 的 S0/0/0 接口，配置现有 WAN 子网中可用的最大地址；
- 对于 R2-Central 的 S0/0/0 接口，使用现有 WAN 子网中可用的最小地址；
- 对于 R2-Central 的 Fa0/0 接口，使用现有学生 LAN 子网中可用的最大地址；
- 对于主机 1A 和 1B，使用现有学生 LAN 子网中前两个 IP 地址（可用的两个最小地址）；
- 对于 R1-ISP 路由器串行接口，需要将时钟速率（串行链路的 DCE 端需要的计时机制）设置为 64 000；
- DTE 端（本例中为 R2-Central 的串行接口）无须时钟速率。

任务 2：配置网络

您需要为服务器、两台路由器和两台 PC 配置接口的 IP 地址，不需要配置交换机，也不需要使用 IOS CLI 来配置路由器。

任务 3：测试网络

在练习过程中可以看到练习完成的百分比，也可采用单击 Check Results 按钮，然后再通过 Assessment Items 选项卡中的反馈信息来验证您的工作。

任务 4：完成网络地址分配表

将规划的网络地址登记在表格中，如表 2-2 所示。

表 2-2 网络地址规划表

设 备	接 口	IP 地址	子网掩码	默认网关
R1-ISP	F0/0			不适用
	S0/0/0			
R2-Central	F0/0			不适用
	S0/0/0			
PC 1A	NIC			
PC 1B	NIC			
Eagle Server	NIC			

2.4 传输层与 TCP

传输层接收到上层设备发来的数据后，进行封装后交由网络层处理，它能够分割多个通信信息，而且通过特殊的标识进行区分。它负责网络传输，是应用层和网络层之间的桥梁。

2.4.1 TCP 的 3 次握手

TCP 协议是传输层最重要的协议之一，它是一种可靠的通信协议，其可靠性在于使用了面向连接的会话。完整的 TCP 会话要求在主机之间创建双向会话，即 TCP 连接的建立和终止，然后才可以交换信息，如网页。连接通过 3 次握手建立，在 3 次握手中，将会发送和确认对等计算机的序列号。

1．创建 TCP 连接

TCP 连接创建的过程分为以下 3 个步骤，如图 2-17 所示。

- A 发送 SYN 请求到 B；
- B 发送 ACK 响应和 SYN 请求到 A；
- A 发送 ACK 响应到 B。

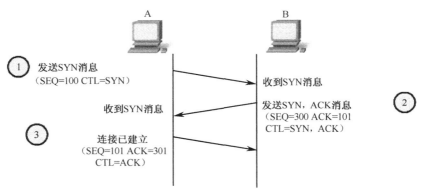

图 2-17　创建 TCP 连接

2．终止 TCP 连接

TCP 连接终止的过程分为以下 4 个步骤，如图 2-18 所示。

- A 发送 FIN 请求到 B；
- B 发送 ACK 响应到 A；
- B 发送 FIN 请求到 A；
- A 发送 ACK 响应到 B。

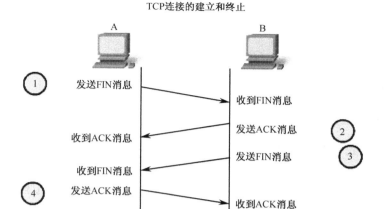

图 2-18　TCP 连接的终止

2.4.2　实例——TCP 会话的建立和终止

1．实例简介

在本实验中，我们将利用 Packet Tracer 的模拟模式捕捉协议包，观察会话建立和终止前后的序列号的变化。TCP 会话建立与终止实验拓扑如图 2-19 所示。

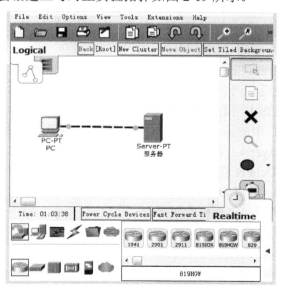

图 2-19　TCP 会话建立与终止实验拓扑

2. 学习目标

① 描述 TCP 3 次握手的过程；
② 观察数据段的类型和序列号的变化。

3. 操作过程

任务 1：设置并运行模拟

➡ 步骤 1——进入模拟模式。

在逻辑工作空间中单击 PC，在 Desktop 上打开 Web Browser，在 URL 框中输入 192.168.1.2，然后单击 Go 按钮。应会显示一个网页，单击 Simulation 选项卡进入模拟模式。

➡ 步骤 2——设置事件列表过滤器。

在 Event List Filters 区域中，单击 Edit Filters 按钮，只选择 TCP 事件。TCP 事件包括基于 TCP 的应用协议，例如，HTTP 和 Telnet。

➡ 步骤 3——从 PC 请求网页。

恢复 Web 浏览器窗口，在 Web Browser 中单击 Go 按钮，请求重新发送该网页。

➡ 步骤 4——运行模拟。

单击 Auto Capture/Play 按钮，将会播放 PC 与服务器之间的数据交换动画，并将事件会添加到 Event List 中，该事件代表 TCP 会话建立、PC 请求网页、服务器发送网页、PC 确认网页以及 TCP 会话终止。

任务 2：检查结果

➡ 步骤 1——访问特定的 PDU。

在 Simulation Panel Event List 区域中，最后一列包含一个彩色框，可用于访问事件的详细信息。单击第一个事件最后一列中的彩色框，将会打开 PDU Information 窗口。

➡ 步骤 2——研究 PDU 信息窗口的内容。

PDU Information 窗口中的第一个选项卡包含与 OSI 模型相关的入站和出站 PDU 信息。单击入站层和出站层的 Layer 4（第 4 层），阅读各层中的内容和说明，请注意 TCP 数据段的类型。单击 Outbound PDU Details 选项卡，在 TCP 数据段中，记下初始序列号。

以相同的方式研究前 4 个 TCP 事件的 PDU 信息，这些事件显示了建立会话的 3 次握手过程，注意 TCP 数据段的类型和序列号的变化。

以相同的方式主要研究 HTTP 交换之后的 TCP 事件的 PDU 信息，这些事件显示了会话的终止，注意 TCP 数据段的类型和序列号的变化。

注意：如果使用 Event List 窗口中的 Reset Simulation 按钮，则必须返回 Web 浏览器窗口，然后按 Go 发出新请求。

2.5 本章小结

本章通过讲解概念和实用技能，介绍了网络的相关基础知识，按照网络采用的"分层"方法详细研究 OSI 和 TCP/IP 的各层，以理解其功能和服务，除此之外，将使您更熟悉各种网络传输数据的介质类型、网络设备的连接和使用以及制订网络编址方案。

思考与练习

① 观察 show cdp neighbors 命令的输出，在纸上画出该输出表示的拓扑结构，并标记设备之间的连接接口。

```
WEST#show cdp neighbors
Capability Codes: R - Router, T - Trans Bridge, B - Source Route Bridge
                  S - Switch, H - Host, I - IGMP, r - Repeater, P - Phone
Device ID       Local Intrfce    Holdtme    Capability    Platform    Port ID
S1              FastEthernet0/0  176        S             WS-C2960    Fas 0/4
HQ              Serial0/0        126        R             C1841       Ser 0/1
S3              FastEthernet0/1  156        S             WS-C2960    Fas 0/12
EAST#show cdp neighbors
Capability Codes: R - Router, T - Trans Bridge, B - Source Route Bridge
                  S - Switch, H - Host, I - IGMP, r - Repeater, P - Phone
Device ID       Local Intrfce    Holdtme    Capability    Platform    Port ID
S1              FastEthernet0/1  177        S             WS-C2960    Fas 0/3
HQ              Serial0/1        128        R             C1841       Ser 0/1
S2              FastEthernet0/0  133        S             WS-C2960    Fas 0/3
HQ#show cdp neighbors
Capability Codes: R - Router, T - Trans Bridge, B - Source Route Bridge
                  S - Switch, H - Host, I - IGMP, r - Repeater, P - Phone
Device ID       Local Intrfce    Holdtme    Capability    Platform    Port ID
S4              FastEthernet0/0  151        S             WS-C2960    Fas 0/16
EAST            Serial0/0        163        R             C1841       Ser 0/1
WEST            Serial0/1        169        R             C1841       Ser 0/0
```

② 说明以太网 MAC 地址的构成。

③ 列举需要使用直通 UTP 线缆连接的网络设备，列举说明需要使用交叉 UTP 线缆连接的网络设备。

④ 路由器在确定数据包转发目的时使用的数据包报头字段是什么？

⑤ 数据包的报头中包含什么信息？数据段的报头中包含什么信息？

⑥ 在 TCP 中序列号有什么作用？TCP 在规定的时间内未收到确认消息会如何处理？

第3章 >>>

网络路由

本章要点

- 路由器基本配置
- 静态路由
- 路由信息协议（RIP）
- OSPF 路由协议

3.1 路由器基本配置

3.1.1 路由器构造

路由器其实也是计算机，它的组织结构类似于任何其他计算机。

1．路由器外观

可以在 Packet Tracer 软件中观察路由器的外观，如图 3-1 所示。

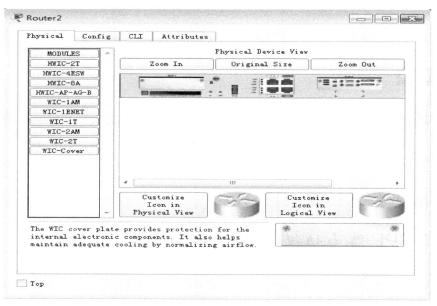

图 3-1　路由器外观

在图 3-1 中，上面是路由器的背板，下面是路由器的正面。在 Packet Tracer 中你可以给路由器增加所需的模块至背板对应的插槽中。

2．路由器内部构造

路由器的内部包含了与计算机同样的 CPU、内存、电源和风扇等硬件部件，如图 3-2 所示。

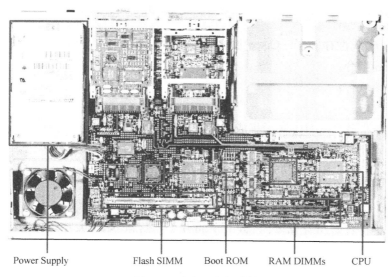

图 3-2　路由器内部结构

3．路由器基本组件

（1）CPU

CPU 执行操作系统指令，如系统初始化、路由功能和交换功能。

（2）RAM

RAM 存储 CPU 所需执行的指令和数据。RAM 用于存储以下组件。
- 操作系统：启动时，操作系统会将 Cisco IOS（Internetwork Operating System）复制到 RAM 中。
- 运行配置文件：是存储路由器 IOS 当前所用的配置命令的配置文件。除几个特例外，路由器上配置的所有命令均存储于运行配置文件中，此文件也称为 running-config。
- IP 路由表：此文件中存储着直连网络以及远程网络的相关信息，用于确定转发数据包的最佳路径。
- ARP 缓存：此缓存包含 IPv4 地址到 MAC 地址的映射，类似于 PC 上的 ARP 缓存。ARP 缓存用在有 LAN 接口（如以太网接口）的路由器上。
- 数据包缓冲区：数据包到达接口之后以及从接口送出之前，都会暂时存储在缓冲区中。

RAM 是易失性存储器，如果路由器断电或重新启动，RAM 中的内容就会丢失。但是，路由器也具有永久性存储区域，如 ROM、闪存和 NVRAM。

（3）ROM

ROM 是一种永久性存储器。Cisco 设备使用 ROM 来存储以下内容。
- bootstrap 指令；
- 基本诊断软件；
- 精简版 IOS。

ROM 使用的是固件，即内嵌于集成电路中的软件。固件包含一般不需要修改或升级的软件，如启动指令。许多类似功能（包括 ROM 监控软件）将在后续课程讨论。如果路由器断电或重新启动，ROM 中的内容不会丢失。

（4）闪存

闪存是非易失性计算机存储器，可以电子的方式存储和擦除。闪存用作操作系统 Cisco IOS 的永久性存储器。在大多数 Cisco 路由器型号中，IOS 是永久性存储在闪存中的，在启动过程中才复制到 RAM，然后再由 CPU 执行。某些较早的 Cisco 路由器则直接从闪存运行 IOS。闪存由 SIMM 卡或 PCMCIA 卡担当，可以通过升级这些卡来增加闪存的容量。

如果路由器断电或重新启动，闪存中的内容不会丢失。

（5）NVRAM

NVRAM（非易失性 RAM）在电源关闭后不会丢失信息。这与大多数普通 RAM（如 DRAM）不同，后者需要持续的电源才能保持信息。NVRAM 被 Cisco IOS 用作存储启动配置文件（startup-config）的永久性存储器。所有配置更改都存储于 RAM 的 running-config 文件中（有几个特例除外），并由 IOS 立即执行。要保存这些更改以防路由器重新启动或断电，必须将 running-config 复制到 NVRAM 中，并在其中存储为 startup-config 文件。即使路由器重新启动或断电，NVRAM 也不会丢失其内容。

3.1.2　路由器 IOS

1. 认识 IOS

Cisco 路由器采用的操作系统软件称为 Cisco Internetwork Operating System （IOS）。与计算机上的操作系统一样，Cisco IOS 会管理路由器的硬件和软件资源，包括存储器分配、进程、安全性和文件系统。与其他操作系统一样，Cisco IOS 也有自己的用户界面。尽管有些路由器提供图形用户界面（GUI），但命令行界面（CLI）是配置 Cisco 路由器的最常用方法。

虽然许多路由器中的 Cisco IOS 看似相同，但实际上却是不同类型的 IOS 映像。IOS 映像是一种包含相应路由器完整 IOS 的文件。Cisco 根据路由器型号和 IOS 内部的功能，创建了许多不同类型的 IOS 映像。通常，IOS 内部的功能越多，IOS 映像就越大，因此就需要越多的闪存和 RAM 来存储和加载 IOS。

2．路由器启动过程

（1）执行 POST

加电自检（POST）几乎是每台计算机启动过程中必经的一个过程。POST 过程用于检测路由器硬件。当路由器加电时，ROM 芯片上的软件便会执行 POST。在这种自检过程中，路由器会通过 ROM 执行诊断，主要针对包括 CPU、RAM 和 NVRAM 在内的几种硬件组件。POST 完成后，路由器将执行 bootstrap 程序。

（2）加载 bootstrap 程序

POST 完成后，bootstrap 程序将从 ROM 复制到 RAM。进入 RAM 后，CPU 会执行 bootstrap 程序中的指令。bootstrap 程序的主要任务是查找 Cisco IOS 并将其加载到 RAM。

注：此时，如果有连接到路由器的控制台，您会看到屏幕上开始出现输出内容。

（3）查找并加载 Cisco IOS

查找 Cisco IOS 软件：IOS 通常存储在闪存中，但也可能存储在其他位置，如 TFTP（简单文件传输协议）服务器上。

如果不能找到完整的 IOS 映像，则会从 ROM 中将精简版的 IOS 复制到 RAM 中。这种版本的 IOS 一般用于帮助诊断问题，也可用于将完整版的 IOS 加载到 RAM。

注：TFTP 服务器通常用作 IOS 的备份服务器，但也可充当存储和加载 IOS 的中心点。IOS 管理和 TFTP 服务器的使用将在后续课程讨论。

加载 IOS：有些较早的 Cisco 路由器可直接从闪存运行 IOS，但现今的路由器会将 IOS 复制到 RAM 后由 CPU 执行。

注：一旦 IOS 开始加载，您就可能在映像解压缩过程中看到一串井号（#）。

（4）查找并加载配置文件

查找启动配置文件：IOS 加载后，bootstrap 程序会搜索 NVRAM 中的启动配置文件（也称为 startup-config）。

如果启动配置文件 startup-config 位于 NVRAM，则会将其复制到 RAM 作为运行配置文件 running-config。

注：如果 NVRAM 中不存在启动配置文件，则路由器可能会搜索 TFTP 服务器。如果路由器检测到有活动链路连接到已配置路由器上，则会通过活动链路发送广播信息，以搜索配置文件。这种情况会导致路由器暂停，但是您最终会看到如下所示的控制台消息：

```
<router pauses here while it broadcasts for a configuration file across an active link>
%Error opening tftp://255.255.255.255/network-confg (Timed out)
%Error opening tftp://255.255.255.255/cisconet.cfg (Timed out)
```

执行配置文件：如果在 NVRAM 中找到启动配置文件，则 IOS 会将其加载到 RAM 作为 running-config，并以一次一行的方式执行文件中的命令。running-config 文件包含接口地址，并具有启动路由过程以及配置路由器口令和其他特性。

进入设置模式（可选）：如果不能找到启动配置文件，路由器会提示用户进入设置模式。设置模式包含一系列问题，提示用户一些基本的配置信息。设置模式不适于复杂的路由器配置，网络管理员一般不会使用该模式。

当启动不含启动配置文件的路由器时，您会在 IOS 加载后看到以下信息：

```
Would you like to enter the initial configuration
Would you like to enter the initial configuration dialog?[yes/no]:no
```

本课程不会使用设置模式配置路由器。当提示进入设置模式时，请始终回答 no。如果回答 yes 并进入设置模式，可随时按 Ctrl-C 键终止设置过程。

当不使用设置模式时，IOS 会创建默认的 running-config。默认 running-config 是基本配置文件，其中包括路由器接口、管理接口以及特定的默认信息。默认 running-config 不包含任何接口地址、路由信息、口令或其他特定配置信息。

命令行界面：根据平台和 IOS 的不同，路由器可能会在显示提示符前询问以下信息。

```
Would you like to terminate autoinstall?[yes]:<Enter>
Press the Enter key to accept the default answer.
Router>
```

注：如果找到启动配置文件，则 running-config 还可能包含主机名，提示符处会显示路由器的主机名。

一旦显示提示符，路由器便开始以当前的运行配置文件运行 IOS，而网络管理员也可开始使用此路由器上的 IOS 命令。

注：启动过程将在后续课程中详细介绍。

3.1.3　实例 1——路由器基本配置

1. 实例简介

在 Packet Tracer 环境中，使用超级终端，按要求完成路由器的基本配置，实验拓扑如图 3-3 所示。

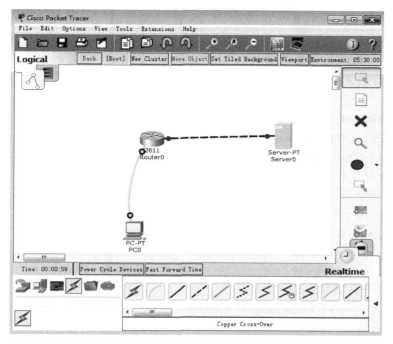

图 3-3 路由器基本配置拓扑

2．学习目标

① 完成路由器主机名、口令及 IP 地址等基本配置；
② 使用 show 命令验证配置。

3．操作过程

任务 1：完成路由器如下基本配置

- 路由器名称：ccna；
- 设置 password 为 cisco1，secret 为 cisco2，vty 为 cisco3，并要求所有密码都加密；
- 配置以太网口的 IP 地址为 192.168.1.254 255.255.255.0；
- 设置登陆提示信息为"Welcome!"；
- 对串行口进行描述（This is a serial por）。

→ 步骤 1——配置路由器的主机名。

路由器主机名区分大小写，需要在全局模式下配置，命令如下：

```
Router>
Router>enable                    #进入特权模式
Router#conf t                    #进入全局配置模式
```

```
Router(config)#hostname R1              #配置主机名为 R1
R1(config)#
```

→ 步骤 2——配置路由器的密码。

路由器密码有加密和不加密两种，密文密码优先于明文密码，需要在全局模式下配置，命令如下：

```
R1(config)#enable password cisco            #配置明文密码为 cisco
R1(config)#enable secret class              #配置密文密码为 class
R1(config)#service password-encryption      #加密明文密码
R1(config)#
```

→ 步骤 3——配置以太网接口 IP 地址。

需要在接口模式下配置，命令如下：

```
R1(config)#interface f0/0                          #进入 f0/0 接口
R1(config-if)#no shutdown                          #开启接口
R1(config-if)#ip address 192.168.1.254 255.255.255.0   #配置接口 IP 地址
```

→ 步骤 4——设置登录提示信息。

启用并设置一个 MOTD（message-of-the-day）旗标 "Authorized access only!"，命令如下：

```
R1(config)#banner motd *            #定义标语结束字符为*
Authorized access only!             #输入标语
*                                   #输入结束字符*，退出标语编辑
R1(config)#
```

→ 步骤 5——对串行口进行描述。

在配置串行口之前先确保路由器上正确添加了串行口模块，并确定串行口的标号，描述接口是为了能够标明改接口的用户或是与什么设备相连接，命令如下：

```
R1(config)#int s0/0/0                              #进入串行口 s0/0/0
R1(config-if)#no shut                              #开启接口
R1(config-if)#description This is a serial por     #对接口进行描述
R1(config-if)#
```

任务 2：将上述信息保存到 TFTP Server 上

→ 步骤 1——配置 TFTP 服务器。

打开拓扑图中的服务器，配置 IP 地址，如图 3-4 所示。

→ 步骤 2——保存配置文件到 TFTP Server 上。

先运行 copy running-config startup-config 命令（或者是 write 命令），将路由器中正在运行的配置文件保存到启动配置文件中，然后再将启动配置文件保存到 TFTP 服务器上，命令如下：

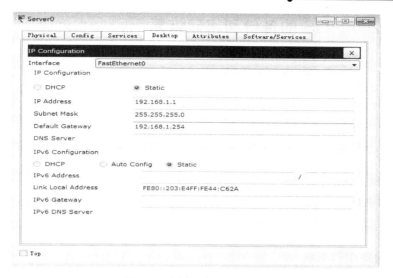

图 3-4　配置服务器 IP 地址

R1#copy running-config startup-config	#保存运行配置文件到启动配置文件中
Destination filename [startup-config]?	#使用默认的启动配置文件名
R1#copy startup-config tftp:	#保存启动配置文件到 TFTP
Address or name of remote host []? 192.168.1.1	#输入 TFTP 服务器的 IP 地址
Destination filename [R1-confg]?	#到存到 TFTP 上使用的文件名，可默认

→ 步骤 3——在 TFTP 上查看保存的配置文件。

在 TFTP 服务器上查看保存的配置文件 R1-confg，如图 3-5 所示。

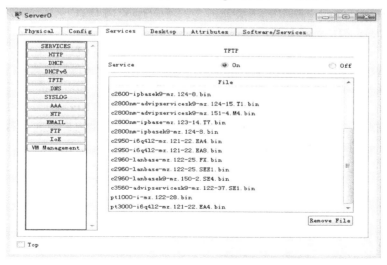

图 3-5　查看保存的配置文件

3.1.4 实例 2——IOS 的备份和密码恢复

1．实例简介

在 Packet Tracer 环境中，使用超级终端，按要求完成路由器 IOS 的备份和密码恢复，实验拓扑如图 3-2 所示。

2．学习目标

① 掌握路由器 IOS 备份命令；
② 掌握路由器密码恢复原理。

3．操作过程

任务 1：备份路由器 IOS

→ 步骤 1——查看路由器 IOS 信息。

在路由器中可以有多个 IOS，在备份之前需要确定备份哪个 IOS，可以在用户模式下查看路由器 IOS 信息，命令如下：

```
R1#dir flash:                                    #显示 flash 信息
```

在显示的信息中你会看到一个 IOS 文件 c2800nm-advipservicesk9-mz.124-15.T1.bin。

→ 步骤 2——备份路由器 IOS 信息至 TFTP 服务器上。

备份方法与备份配置文件类似，备份时需要输入原 IOS 的文件名和备份后 IOS 的文件名，建议在实际操作时不要更改，此处是实验环境，备份后文件名改为 c2811.bin，命令如下：

```
R1#copy flash: tftp:                             #备份 IOS 到 TFTP
Source filename []? c2800nm-advipservicesk9-mz.124-15.T1.bin
                                                 #输入要备份的 IOS 的文件名
Address or name of remote host []? 192.168.1.1   #输入 TFTP 服务器的 IP 地址
Destination filename [c2800nm-advipservicesk9-mz.124-15.T1.bin]? c2811.bin
                                                 #输入备份后的 IOS 文件名 c2811.bin
```

之后会看到很多"!"，这表示备份已经开始，备份完成后会返回到特权模式。

→ 步骤 3——在 TFTP 上查看备份的 IOS 文件。

在 TFTP 服务器上查看备份的 IOS 文件 c2811.bin，如图 3-6 所示。

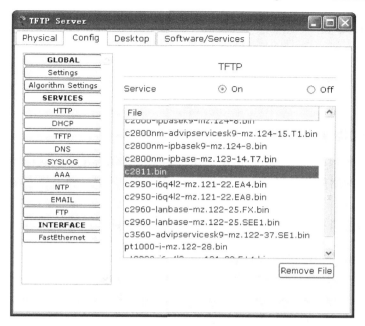

图 3-6　查看备份的 IOS

任务 2：路由器密码恢复

假设你忘记了图中路由器的密码，则关闭路由器，然后再重新启动，在重启 60 秒之内按 ctrl+break 键进入路由器监控模式 romon>，进行路由器密码恢复，步骤如下所述。

→ 步骤 1——修改寄存器的值。

通过修改寄存器的值，可以使路由器在重新启动时不加载配置文件，也就不会加载密码，命令如下：

  romon> confreg　0x2142　　　　　　#修改寄存器的值为 0×2142

  romon>reset　　　　　　　　　　　　#重启路由器

→ 步骤 2——恢复已有配置。

重新启动后将不会要求输入密码，分别用 show running－config 和 show startup－config 观察并比较输出的异同，此时的 running－config 中没有做任何配置，而 startup－config 中是之前保存过的配置，必须使用 copy startup－config running－config 命令恢复已有的配置。

→ 步骤 3——修改密码。

在全局模式下修改密码，并在全局模式下输入 config－register 0x2102（修改 register 值避免下次启动又直接进入 ram），在特权模式下输入 copy running－config startup－config。

→ 步骤 4——查看寄存器的值。

在特权模式下用 show version 命令查看 register 值，应确保寄存器的值为 0x2102。

3.2 静态路由

3.2.1 静态路由简介

1. 静态路由的优点和缺点

静态路由需要管理员手工配置，适用于比较简单的网络环境，在这样的环境中，网络管理员易于清楚地了解网络的拓扑结构，便于设置正确的路由信息。使用静态路由的另一个好处是网络安全保密性高。

大型和复杂的网络环境通常不宜采用静态路由。一方面是网络管理员难以全面地了解整个网络的拓扑结构；另一方面是当网络的拓扑结构和链路状态发生变化时，路由器中的静态路由信息需要大范围地调整，这项工作的难度和复杂程度非常高。

2. 默认路由

默认路由是一种特殊的静态路由，指的是当路由表中与包的目的地址之间没有匹配的表项时路由器能够做出的选择。如果没有默认路由，那么目的地址在路由表中没有匹配表项的包将会被丢弃。默认路由在某些时候非常有效，当存在末梢网络时，默认路由会大大简化路由器的配置，减轻管理员的工作负担，提高网络性能。

3.2.2 静态路由配置

静态路由的配置有两种方法：带下一跳路由器的静态路由和带送出接口的静态路由。命令如下：

R1(config)#ip route 192.168.3.0 255.255.255.0 f0/1（目标网段 IP 地址、目标子网掩码和送出接口）

或者

R1(config)#ip route 192.168.3.0 255.255.255.0 192.168.2.2（目标网段 IP 地址、目标子网掩码和下一路由器接口 IP 地址）

3.2.3 实例 1——配置静态路由

1. 实例简介

在 Packet Tracer 环境中，按要求完成路由器静态路由配置并测试连通性，观察路由表变化情况。静态路由实验拓扑如图 3-7 所示。

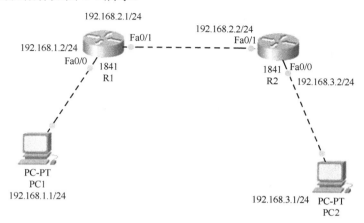

图 3-7　静态路由实验拓扑

2．学习目标

① 根据拓扑图进行网络布线；
② 在路由器上执行基本配置任务；
③ 配置并激活串行接口和以太网接口；
④ 测试连通性；
⑤ 使用下一跳地址配置静态路由；
⑥ 使用送出接口配置静态路由；
⑦ 比较使用下一跳地址的静态路由和使用送出接口的静态路由。

3．操作过程

任务 1：配置静态路由

→ 步骤 1——完成基本配置。

所配置路由器的主机名与拓扑图中一致，所配置路由器接口 IP 地址和 PC 的 IP 地址如拓扑图中所示，所采用命令如下。

R1：
Router(config)#hostname R1
R1(config)#int f0/0
R1(config-if)#no shut
R1(config-if)#ip add 192.168.1.2 255.255.255.0
R1(config-if)#exit
R1(config)#int f0/1

```
R1(config-if)#no shut
R1(config-if)#ip add 192.168.2.1 255.255.255.0
R2:
Router(config)#hostname R2
R2(config)#int f0/0
R2(config-if)#no shut
R2(config-if)#ip add 192.168.3.2 255.255.255.0
R2(config-if)#exit
R2(config)#int f0/1
R2(config-if)#no shut
R2(config-if)#ip add 192.168.2.2 255.255.255.0
```

→ 步骤 2——配置静态路由。

在 R1 和 R2 上配置静态路由，命令如下。

```
R1:
R1(config)#ip route 192.168.3.0 255.255.255.0 192.168.2.2
R2:
R2(config)#ip route 192.168.1.0 255.255.255.0 f0/1
```

任务 2：检查并测试

→ 步骤 1——查看路由表。

在两个路由器上使用 show ip route 命令查看路由表。

→ 步骤 2——测试。

- 在 PC1 上 ping 192.168.3.1，测试连通性；
- 在 PC2 上 ping192.168.1.1，测试连通性。

3.2.4 实例 2——配置默认路由

1. 实例简介

在 Packet Tracer 环境中，按要求完成路由器默认路由配置并测试连通性，默认路由实验拓扑图如图 3-8 所示。

2. 学习目标

① 根据拓扑图进行网络布线；
② 在路由器上执行基本配置任务；
③ 配置并激活串行接口和以太网接口；

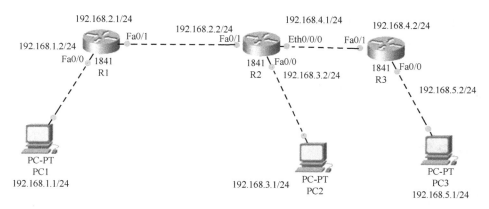

图 3-8 默认路由实验拓扑

④ 测试连通性；
⑤ 使用下一跳地址配置默认路由；
⑥ 使用送出接口和下一跳地址配置静态路由；
⑦ 比较静态路由和默认路由。

3．操作过程

任务 1：配置静态路由

→ 步骤 1——完成基本配置。

所配置路由器主机名与拓扑图中一致，所配置路由器接口 IP 地址和 PC 的 IP 地址如拓扑图中所示。

→ 步骤 2——配置默认路由。

在 R1、R2 和 R3 上配置静态路由，命令如下。

R1:
R1(config)#ip route 0.0.0.0   0.0.0.0   192.168.2.2
R2:
R2(config)#ip route 192.168.1.0   255.255.255.0   f0/1
R2(config)#ip route 192.168.5.0   255.255.255.0   192.168.4.2
R3:
R3(config)#ip route 0.0.0.0   0.0.0.0   192.168.4.1

任务 2：检查并测试

→ 步骤 1——查看路由表。

在 3 个路由器上使用 show ip route 命令查看路由表。

→ 步骤 2——测试。

- 在 PC1 上 ping 192.168.3.1，测试连通性；
- 在 PC3 上 ping192.168.1.1，测试连通性。

3.3 路由信息协议（RIP）

3.3.1 RIP 简介

1．RIP 是什么

RIP 即路由信息协议（Routing Information Protocol）。

RIP 是一种分布式的基于距离向量的路由选择协议，是互联网的标准协议，其最大的优点就是简单。RIP 协议要求网络中每一个路由器都要维护从它自己到其他每一个目的网络的距离记录（这一组距离，即"距离向量"）。RIP 协议将"距离"定义为：从一路由器到直接连接的网络的距离为 1；从一路由器到非直接连接的网络的距离为每经过一个路由器则距离加 1。"距离"也称为"跳数"。RIP 允许一条路径最多只能包含 15 个路由器，因此，当距离等于 16 时即为不可达。可见 RIP 协议只适用于小型互联网。

2．RIP 的特点

① 运行 RIP 的路由器仅和相邻的路由器交换信息。如果两个路由器之间的通信不经过另外一个路由器，那么这两个路由器是相邻的。RIP 协议规定，不相邻的路由器之间不交换信息。
② 路由器交换的信息是当前本路由器所知道的全部信息，即自己的路由表。
③ 按固定时间交换路由信息，如每隔 30 秒，然后路由器根据收到的路由信息更新路由表。

3．RIP 环路的避免方法

① 使用抑制计时器和其他计时器来帮助防止路由环路。
② 使用带毒性反转的水平分割来防止路由环路。
③ 在拓扑结构发生变化时使用触发更新加速收敛。
④ 最大跳数限制为 15 跳，16 跳意味着网络不可达。

4．RIP 的缺点

① 过于简单，以跳数为依据计算度量值，经常得出非最优路由。例如，2 跳 64 kbps 专线和 3 跳 1 000 Mbps 光纤，显然多跳一下没什么不好。
② 度量值以 16 跳为限，不适合大的网络。
③ 安全性差，接收来自任何设备的路由更新信息；无密码验证机制，默认接收任何地方

任何设备的路由更新信息，不能防止恶意的 RIP 欺骗。

④ 收敛性差，时间经常大于 5 分钟。

⑤ 消耗带宽很大。完整地复制路由表，把自己的路由表复制给所有邻居，尤其在低速广域网链路上以显式的方式全量更新。

5. RIPv1 和 RIPv2 的差别

（1）RIPv1——有类距离矢量路由协议

- 不支持非连续子网；
- 不支持 VLSM；
- 路由更新不发送子网掩码；
- 路由更新采用广播方式。

（2）RIPv2——无类距离矢量路由协议（带增加功能）

- 更新信息中包含下一跳地址；
- 使用组播地址发送更新信息；
- 可选择使用检验功能。

3.3.2 实例 1——配置 RIP 路由协议

1. 实例简介

在 Packet Tracer 环境中，按要求完成路由器 RIP 配置并测试连通性，实验拓扑如图 3-8 所示。

2. 学习目标

① 掌握 RIPv1 的配置方法；
② 使用 debug ip rip 的方法观察 RIPv1 的特点；
③ 使用 show ip route 观察路由表；
④ 使用 show ip protocol 命令观察路由协议；
⑤ 观察 RIP 路由更新情况。

3. 操作过程

任务 1：配置 RIP

→ 步骤 1——完成基本配置。

配置路由器主机名与拓扑图中一致，所配置路由器接口 IP 地址和 PC 的 IP 地址如拓扑图中所示。

→ 步骤 2——配置 RIP 路由。

在 R1、R2 和 R3 上配置 RIP 路由，命令如下。

```
R1:
R1(config)#route rip
R1(config-router)#network 192.168.1.0        #将自己的直连网络通告出去
R1(config-router)#network 192.168.2.0
R1(config-router)#
R2:
R2(config)#route rip
R2(config-router)#network 192.168.2.0
R2(config-router)#network 192.168.3.0
R2(config-router)#network 192.168.4.0
R3:
R3(config)#route rip
R3(config-router)#network 192.168.4.0
R3(config-router)#network 192.168.5.0
```

任务 2：检查 RIP 配置

→ 步骤 1——查看路由表。

在路由器上使用 show ip route 命令查看路由表。

```
R2#show ip route
略！
Gateway of last resort is not set

R    192.168.1.0/24 [120/1] via 192.168.2.1, 00:00:11, FastEthernet0/1
C    192.168.2.0/24 is directly connected, FastEthernet0/1
C    192.168.3.0/24 is directly connected, FastEthernet0/0
C    192.168.4.0/24 is directly connected, Ethernet0/0/0
R    192.168.5.0/24 [120/1] via 192.168.4.2, 00:00:08, Ethernet0/0/0
```

→ 步骤 2——查看路由协议。

在路由器上使用 show ip protocol 命令查看路由协议。

```
R2#show ip protocols
Routing Protocol is "rip"              #路由协议是 RIP
Sending updates every 30 seconds, next due in 19 seconds   #更新时间是 30 秒
Invalid after 180 seconds, hold down 180, flushed after 240
Outgoing update filter list for all interfaces is not set
```

Incoming update filter list for all interfaces is not set
Redistributing: rip
Default version control: send version 1, receive any version

Interface	Send	Recv	Triggered RIP	Key-chain
FastEthernet0/1	1	2 1		
FastEthernet0/0	1	2 1		
Ethernet0/0/0	1	2 1		

Automatic network summarization is in effect
Maximum path: 4
Routing for Networks: #通告的直连网络
   192.168.2.0
   192.168.3.0
   192.168.4.0
Passive Interface(s):
Routing Information Sources:

Gateway	Distance	Last Update
192.168.2.1	120	00:00:10
192.168.4.2	120	00:00:10

Distance: (default is 120)   #管理距离

→ 步骤 3——测试连通性。
- 在 PC1 上 ping 192.168.3.1，测试连通性。
- 在 PC2 上 ping 192.168.5.1，测试连通性。
- 在 PC3 上 ping 192.168.1.1，测试连通性。

任务 3：观察 RIP 更新过程

在路由器特权模式下使用 debug ip rip 命令，观察 RIP 更新时发送和接收的数据中网络地址是否含有子网掩码，采用的是什么类型的更新方式。

```
R2#debug ip rip
RIP protocol debugging is on
R2#RIP: received v1 update from 192.168.2.1 on FastEthernet0/1
      192.168.1.0 in 1 hops
RIP: received v1 update from 192.168.4.2 on Ethernet0/0/0
      192.168.5.0 in 1 hops
RIP: sending   v1 update to 255.255.255.255 via FastEthernet0/1 (192.168.2.2)
RIP: build update entries
      network 192.168.3.0 metric 1
      network 192.168.4.0 metric 1
```

```
            network 192.168.5.0 metric 2
RIP: sending    v1 update to 255.255.255.255 via FastEthernet0/0 (192.168.3.2)
RIP: build update entries
            network 192.168.1.0 metric 2
            network 192.168.2.0 metric 1
            network 192.168.4.0 metric 1
            network 192.168.5.0 metric 2
RIP: sending    v1 update to 255.255.255.255 via Ethernet0/0/0 (192.168.4.1)
RIP: build update entries
            network 192.168.1.0 metric 2
            network 192.168.2.0 metric 1
            network 192.168.3.0 metric 1
```

由此可以看出，RIPv1 更新信息中不包含子网掩码，采用的是广播更新方式，广播地址是 255.255.255.255。

3.3.3 实例 2——配置 RIPv2 路由协议

1. 实例简介

在本实例中，网络中已经运行 RIPv1 路由协议，检测每个计算机是否都能与其他计算机通信，分析不能通信的原因，然后将路由协议配置为 RIPv2 版本，再次测试，并查看路由更新情况。实验拓扑如图 3-9 所示。

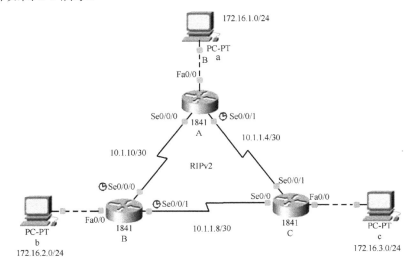

图 3-9 RIPv2 路由协议

2．学习目标

① 检测运行 RIPv1 路由协议的网络缺陷；
② 掌握 RIPv2 的配置方法；
③ 使用 show ip route 观察路由表；
④ 使用 show ip protocol 命令观察路由协议；
⑤ 使用 debug ip rip 命令观察 RIP 路由更新情况。

3．操作过程

任务 1：检测运行 RIPv1 路由协议网络的连通性

→ 步骤 1——测试从 a 到 b 的连通性。

使用 ping 命令测试，结果如下。

> PC>ping 172.16.2.1
>
> Pinging 172.16.2.1 with 32 bytes of data:
>
> Reply from 172.16.1.254: Destination host unreachable.
>
> Reply from 172.16.1.254: Destination host unreachable.
>
> Reply from 172.16.1.254: Destination host unreachable.
>
> Reply from 172.16.1.254: Destination host unreachable.
>
> Ping statistics for 172.16.2.1:
>
>   Packets: Sent = 4, Received = 0, Lost = 4 (100% loss),

→ 步骤 2——测试从 a 到 c 的连通性。

使用 ping 命令测试，结果如下。

> PC>ping 172.16.3.1
>
> Pinging 172.16.3.1 with 32 bytes of data:
>
> Reply from 172.16.1.254: Destination host unreachable.
>
> Reply from 172.16.1.254: Destination host unreachable.
>
> Reply from 172.16.1.254: Destination host unreachable.
>
> Reply from 172.16.1.254: Destination host unreachable.
>
> Ping statistics for 172.16.3.1:
>
>   Packets: Sent = 4, Received = 0, Lost = 4 (100% loss),

→ 步骤 3——测试从 b 到 c 的连通性。

使用 ping 命令测试，结果如下。

> PC>ping 172.16.3.1
>
> Pinging 172.16.3.1 with 32 bytes of data:
>
> Reply from 172.16.2.254: Destination host unreachable.
>
> Reply from 172.16.2.254: Destination host unreachable.
>
> Reply from 172.16.2.254: Destination host unreachable.

Reply from 172.16.2.254: Destination host unreachable.
Ping statistics for 172.16.3.1:
　　Packets: Sent = 4, Received = 0, Lost = 4 (100% loss),
测试后表明，3 台 PC 之间不能通信。

任务 2：分析无法 ping 通的原因

→ 步骤 1——检查路由表。

分别检查 3 台路由器的路由表，如下所示。

路由器 A：

A#show ip route
略！
　　　　10.0.0.0/30 is subnetted, 3 subnets
　C　　　10.1.1.0 is directly connected, Serial0/0/0
　C　　　10.1.1.4 is directly connected, Serial0/0/1
　R　　　10.1.1.8 [120/1] via 10.1.1.1, 00:00:23, Serial0/0/0
　　　　　　　　　[120/1] via 10.1.1.6, 00:00:13, Serial0/0/1
　　　　172.16.0.0/24 is subnetted, 1 subnets
　C　　　172.16.1.0 is directly connected, FastEthernet0/0

路由器 B：

B#show ip route
略！
　　　　10.0.0.0/30 is subnetted, 3 subnets
　C　　　10.1.1.0 is directly connected, Serial0/0/0
　R　　　10.1.1.4 [120/1] via 10.1.1.2, 00:00:21, Serial0/0/0
　　　　　　　　　[120/1] via 10.1.1.10, 00:00:10, Serial0/0/1
　C　　　10.1.1.8 is directly connected, Serial0/0/1
　　　　172.16.0.0/24 is subnetted, 1 subnets
　C　　　172.16.2.0 is directly connected, FastEthernet0/0

路由器 C：

C#show ip route
略！
　　　　10.0.0.0/30 is subnetted, 3 subnets
　R　　　10.1.1.0 [120/1] via 10.1.1.5, 00:00:21, Serial0/0/1
　　　　　　　　　[120/1] via 10.1.1.9, 00:00:24, Serial0/0/0
　C　　　10.1.1.4 is directly connected, Serial0/0/1
　C　　　10.1.1.8 is directly connected, Serial0/0/0
　　　　172.16.0.0/24 is subnetted, 1 subnets

```
C        172.16.3.0 is directly connected, FastEthernet0/0
```

通过检查路由表发现：路由表中都缺少到达其他两台 PC 所在网络的路由信息；通往其他两个路由器之间链路所在网络有两条路由，而且度量值（跳数）相同。

→ 步骤 2——分析路由表缺少路由信息的原因。

使用 debug ip rip 命令在路由器 A 上查看路由更新情况。

```
A#debug ip rip
RIP protocol debugging is on
A#RIP: received v1 update from 10.1.1.6 on Serial0/0/1
     10.1.1.8 in 1 hops
     172.16.0.0 in 1 hops
RIP: received v1 update from 10.1.1.1 on Serial0/0/0
     10.1.1.8 in 1 hops
     172.16.0.0 in 1 hops
RIP: sending   v1 update to 255.255.255.255 via Serial0/0/0 (10.1.1.2)
RIP: build update entries
     network 10.1.1.4 metric 1
     network 172.16.0.0 metric 1
RIP: sending   v1 update to 255.255.255.255 via Serial0/0/1 (10.1.1.5)
RIP: build update entries
     network 10.1.1.0 metric 1
     network 172.16.0.0 metric 1
RIP: sending   v1 update to 255.255.255.255 via FastEthernet0/0 (172.16.1.254)
RIP: build update entries
     network 10.0.0.0 metric 1
```

从以上路由更新信息中可以看出，在路由器 B 和路由器 C 发送给路由器 A 的更新信息中都包含了 172.16.0.0 这条路由（注意，不包含子网掩码），而不是 172.16.2.0 和 172.16.3.0，这是因为当路由器 B 在给路由器 A 发送更新信息时，将 172.16.2.0/24 总结成了 172.16.0.0/24；同理路由器 C 也把 172.16.3.0/24 总结成了 172.16.0.0/24，所以路由器 A 从路由器 B 和路由器 C 所收到的路由更新信息都为 172.16.0.0，跳数都是 1。而路由器 A 自身也有到达 172.16.0.0 的直连路由信息，由于更新信息不包含子网掩码，路由器会认为这三个 172.16.0.0 是同一个目的地，因此只取管理距离最短的直连路由为最佳路由，而不会学习路由更新信息中的 172.16.0.0 这两个路由。

当送出接口与通告网络不在同一主网络时，则将子网总结为有类边界，当送出接口与通告网络在同一主网络时，则使用传出接口的子网掩码来确定要通告的子网。因此，在路由器 B 和路由器 C 发送给路由器 A 的路由更新信息中，10.1.1.8 就有了和 10.1.1.0/30 相同的子网掩码。而路由器 A 收到了从路由器 B 和路由器 C 发来的度量值一样的到达 10.1.1.8 的两条路由，所以路由表中会有两条到达同一目的地的路由，虽然度量值相同，但路径却不同。

任务 3：配置 RIPv2 路由协议

→ 步骤 1——配置 RIPv2 路由协议。

在 3 台路由器上分别配置 RIPv2 路由协议。

路由器 A：

    A(config)#router rip

    A(config-router)#version 2

路由器 B：

    B(config)#router rip

    B(config-router)#version 2

路由器 C：

    C(config)#router rip

    C(config-router)#version 2

→ 步骤 2——清除路由表的历史路由。

在 3 台路由器上使用 clear ip route *命令来清除运行 RIPv1 时的路由表。

任务 4：检查路由表

→ 步骤 1——查看路由表。

在 3 台路由器上使用 show ip route 命令来查看路由表。

路由器 A：

```
A#show ip route
略！
     10.0.0.0/30 is subnetted, 3 subnets
C       10.1.1.0 is directly connected, Serial0/0/0
C       10.1.1.4 is directly connected, Serial0/0/1
R       10.1.1.8 [120/1] via 10.1.1.6, 00:00:09, Serial0/0/1
                 [120/1] via 10.1.1.1, 00:00:06, Serial0/0/0
     172.16.0.0/16 is variably subnetted, 2 subnets, 2 masks
R       172.16.0.0/16 [120/1] via 10.1.1.1, 00:00:06, Serial0/0/0
C       172.16.1.0/24 is directly connected, FastEthernet0/0
```

路由器 B：

```
B#show ip route
略！
     10.0.0.0/30 is subnetted, 3 subnets
C       10.1.1.0 is directly connected, Serial0/0/0
R       10.1.1.4 [120/1] via 10.1.1.2, 00:00:18, Serial0/0/0
                 [120/1] via 10.1.1.10, 00:00:24, Serial0/0/1
```

```
C        10.1.1.8 is directly connected, Serial0/0/1
         172.16.0.0/16 is variably subnetted, 2 subnets, 2 masks
R        172.16.0.0/16 [120/1] via 10.1.1.2, 00:00:18, Serial0/0/0
C        172.16.2.0/24 is directly connected, FastEthernet0/0
```

路由器 C：

```
C#show ip route
略！
         10.0.0.0/30 is subnetted, 3 subnets
R        10.1.1.0 [120/1] via 10.1.1.9, 00:00:13, Serial0/0/0
                  [120/1] via 10.1.1.5, 00:00:24, Serial0/0/1
C        10.1.1.4 is directly connected, Serial0/0/1
C        10.1.1.8 is directly connected, Serial0/0/0
         172.16.0.0/16 is variably subnetted, 2 subnets, 2 masks
R        172.16.0.0/16 [120/1] via 10.1.1.9, 00:00:13, Serial0/0/0
C        172.16.3.0/24 is directly connected, FastEthernet0/0
```

通过检查路由表发现，各路由器中还没有其他两台 PC 所在网络的路由。这是因为 RIPv2 与 RIPv1 一样都会在主网边界上自动总结，而且发送的是总结的有类网络地址。

→ 步骤 2——禁用自动汇总。

使用 no auto-summary 命令在 3 台路由器上禁用自动汇总。

路由器 A：

```
A(config)#router rip
A(config-router)#no auto-summary
```

路由器 B：

```
B(config)#router rip
B(config-router)#no auto-summary
```

路由器 C：

```
C(config)#router rip
C(config-router)#no auto-summary
```

→ 步骤 3——再次查看路由表。

再次查看路由表之前，由于 RIP 路由更新的特殊性，需要将配置保存后，断开路由器之间的链路，然后再连接，此时网络路由会重新收敛。

路由器 A：

```
A#show ip route
略！
         10.0.0.0/30 is subnetted, 3 subnets
C        10.1.1.0 is directly connected, Serial0/0/0
C        10.1.1.4 is directly connected, Serial0/0/1
```

```
R        10.1.1.8 [120/1] via 10.1.1.6, 00:00:21, Serial0/0/1
                 [120/1] via 10.1.1.1, 00:00:16, Serial0/0/0
         172.16.0.0/24 is subnetted, 3 subnets
C        172.16.1.0 is directly connected, FastEthernet0/0
R        172.16.2.0 [120/1] via 10.1.1.1, 00:00:16, Serial0/0/0
R        172.16.3.0 [120/1] via 10.1.1.6, 00:00:21, Serial0/0/1
```

路由器 B:

```
B#show ip route
略!
         10.0.0.0/30 is subnetted, 3 subnets
C        10.1.1.0 is directly connected, Serial0/0/0
R        10.1.1.4 [120/1] via 10.1.1.10, 00:00:22, Serial0/0/1
                 [120/1] via 10.1.1.2, 00:00:15, Serial0/0/0
C        10.1.1.8 is directly connected, Serial0/0/1
         172.16.0.0/24 is subnetted, 3 subnets
R        172.16.1.0 [120/1] via 10.1.1.2, 00:00:15, Serial0/0/0
C        172.16.2.0 is directly connected, FastEthernet0/0
R        172.16.3.0 [120/1] via 10.1.1.10, 00:00:22, Serial0/0/1
```

路由器 C:

```
C#show ip route
略!
         10.0.0.0/30 is subnetted, 3 subnets
R        10.1.1.0 [120/1] via 10.1.1.9, 00:00:27, Serial0/0/0
                 [120/1] via 10.1.1.5, 00:00:00, Serial0/0/1
C        10.1.1.4 is directly connected, Serial0/0/1
C        10.1.1.8 is directly connected, Serial0/0/0
         172.16.0.0/24 is subnetted, 3 subnets
R        172.16.1.0 [120/1] via 10.1.1.5, 00:00:00, Serial0/0/1
R        172.16.2.0 [120/1] via 10.1.1.9, 00:00:27, Serial0/0/0
C        172.16.3.0 is directly connected, FastEthernet0/0
```

任务 5: 观察 RIP 更新情况

在路由器特权模式下使用 debug ip rip 命令,观察 RIPv2 更新时发送和接收的数据中网络地址是否含有子网掩码,采用的是什么类型的更新方式。

```
A#debug ip rip
RIP protocol debugging is on
A#RIP: received v2 update from 10.1.1.6 on Serial0/0/1
```

```
            10.1.1.8/30 via 0.0.0.0 in 1 hops
            172.16.2.0/24 via 0.0.0.0 in 2 hops
            172.16.3.0/24 via 0.0.0.0 in 1 hops
RIP: sending   v2 update to 224.0.0.9 via FastEthernet0/0 (172.16.1.254)
RIP: build update entries
            10.1.1.0/30 via 0.0.0.0, metric 1, tag 0
            10.1.1.4/30 via 0.0.0.0, metric 1, tag 0
            10.1.1.8/30 via 0.0.0.0, metric 2, tag 0
            172.16.2.0/24 via 0.0.0.0, metric 2, tag 0
            172.16.3.0/24 via 0.0.0.0, metric 2, tag 0
RIP: sending   v2 update to 224.0.0.9 via Serial0/0/1 (10.1.1.5)
RIP: build update entries
            10.1.1.0/30 via 0.0.0.0, metric 1, tag 0
            172.16.1.0/24 via 0.0.0.0, metric 1, tag 0
            172.16.2.0/24 via 0.0.0.0, metric 2, tag 0
RIP: sending   v2 update to 224.0.0.9 via Serial0/0/0 (10.1.1.2)
RIP: build update entries
            10.1.1.4/30 via 0.0.0.0, metric 1, tag 0
            172.16.1.0/24 via 0.0.0.0, metric 1, tag 0
            172.16.3.0/24 via 0.0.0.0, metric 2, tag 0
RIP: received v2 update from 10.1.1.1 on Serial0/0/0
            10.1.1.8/30 via 0.0.0.0 in 1 hops
            172.16.2.0/24 via 0.0.0.0 in 1 hops
            172.16.3.0/24 via 0.0.0.0 in 2 hops
```

由此可以看出，RIPv2 更新信息中包含子网掩码，采用的是组播更新方式，组播地址是 224.0.0.9。

3.4 OSPF 路由协议

3.4.1 OSPF 路由协议简介

1. 什么是 OSPF

OSPF（Open Shortest Path First，开放式最短路径优先）路由协议是一个链路状态路由协议，链路是路由器接口的另一种说法，OSPF 通过在路由器之间通告网络接口的状态信息来建立链路状态数据库,生成最短路径树,每个 OSPF 路由器使用这些最短路径构造路由表。

作为一种链路状态路由协议,OSPF 将自己的链路状态传送给在某一区域内的所有路由器,这一点与距离矢量路由协议不同。运行距离矢量路由协议的路由器是将部分或全部的路由表传递给与其相邻的路由器。

2. LSA

LSA 即 Link-State Advertisement,链路状态通告,每一台路由器都会产生路由器 LSA 通告。这个最基本的 LSA 通告列出了路由器所有的链路或接口,并指明了它们的状态和沿每条链路方向出站的代价,以及该链路上所有已知的 OSPF 邻居。这些 LSA 通告只会在始发它们的区域内部进行泛洪扩散。

3. LSDB

LSDB 即 Link State DataBase,链路状态数据库,通过路由器间的路由信息交换,自治系统内部可以达到信息同步,即 LSDB(连接状态数据库)描述的网络拓扑同步。

4. OSPF 算法

每台 OSPF 路由器都会维持一个链路状态数据库,其中包含来自其他所有路由器的 LSA。一旦路由器收到所有 LSA 并建立其本地链路状态数据库,OSPF 就会使用 Dijkstra 的最短路径优先(SPF)算法创建一个 SPF 树,随后,将根据 SPF 树,使用通向每个网络的最佳路径填充 IP 路由表。

5. OSPF 度量

OSPF 度量又称为开销。RFC 2328 中有下列描述:"开销与每个路由器接口的输出端关联。系统管理员可配置此开销。开销越低,该接口越可能被用于转发数据流量。"

在每台路由器上,接口的开销通过 10 的 8 次幂除以以 bps 为单位的带宽值算得,该被除数称为参考带宽。通过使用 10 的 8 次幂除以接口带宽,可使带宽较高的接口算得的开销值较低。请记住,在路由度量中,开销最低的路由是首选路由(例如,在 RIP 中,3 跳比 10 跳好)。如表 3-1 所示为各种接口的默认 OSPF 开销。

6. OSPF 累计开销

OSPF 路由的开销为从路由器到目的网络的累计开销值。如图 3-10 所示,在图 3-10 中,B 的路由表显示到 A 上的网络 172.16.1.0/24 的开销为 65。因为 172.16.1.0/24 连接到以太网接口,A 将 172.16.1.0/24 的开销指定为 1。B 随后加上在 B 和 A 之间通过默认 T1 链路发送数据所需的开销值 64,累计开销值为 65。

表 3-1 端口带宽和开销表

接口类型	10^8/bps=开销
快速以太网及以上速度	10^8/100 000 000 bps=1
以太网	10^8/10 000 000 bps=10
E1	10^8/2 048 000 bps=48
T1	10^8/1 544 000 bps=64
128 kbps	10^8/128 000 bps=781
64 kbps	10^8/64 000 bps=1 562
56 kbps	10^8/56 000 bps=1 785

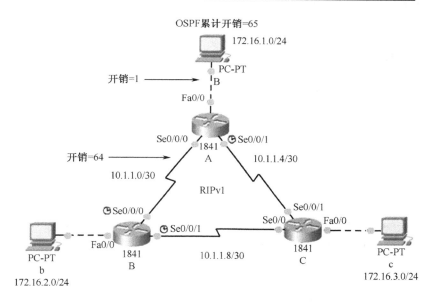

图 3-10 OSPF 开销值

3.4.2 实例1——配置 OSPF 路由协议

1．实例简介

在 Packet Tracer 环境中，按要求完成路由器 OSPF 配置并测试连通性，实验拓扑如图 3-8 所示。

2. 学习目标

① 根据拓扑图完成网络电缆连接；
② 在路由器上进行基本配置任务；
③ 配置并激活接口；
④ 在所有路由器上配置 OSPF 路由；
⑤ 配置 OSPF 路由器 ID；
⑥ 使用下列命令验证 OSPF 路由：show ip route 、show ip protocol、show ip ospf neighbor 和 show ip ospf interface；
⑦ 观察 OSPF 邻居的消失和建立。

3. 操作过程

任务 1：配置 OSPF

→ 步骤 1——完成基本配置。

配置路由器主机名与拓扑图中一致，所配置路由器接口 IP 地址和 PC 的 IP 地址如拓扑图中所示。

→ 步骤 2——配置 OSPF 路由。

在 R1、R2 和 R3 上配置 OSPF 路由，命令如下。

```
R1:
R1(config)#router ospf 1                                          #OSPF 进程 ID 为 1
R1(config-router)#network 192.168.1.0 0.0.0.255 area 0            #将自己的直连网络通告出去
R1(config-router)#network 192.168.2.0 0.0.0.255 area 0
R2:
R2(config)#router ospf 1
R2(config-router)#network 192.168.2.0 0.0.0.255 area 0
R2(config-router)#network 192.168.3.0 0.0.0.255 area 0
R2(config-router)#network 192.168.4.0 0.0.0.255 area 0
R3:
R3(config)#router ospf 1
    R3(config-router)#network 192.168.4.0 0.0.0.255 area 0
    R3(config-router)#network 192.168.5.0 0.0.0.255 area 0
```

任务 2：检查 OSPF 配置情况

→ 步骤 1——查看路由表。

在路由器上使用 show ip route 命令查看路由表。

```
R2#show ip route
```

略！
Gateway of last resort is not set

O   192.168.1.0/24 [110/2] via 192.168.2.1, 00:00:24, FastEthernet0/1
C   192.168.2.0/24 is directly connected, FastEthernet0/1
C   192.168.3.0/24 is directly connected, FastEthernet0/0
C   192.168.4.0/24 is directly connected, Ethernet0/0/0
O   192.168.5.0/24 [110/11] via 192.168.4.2, 00:00:24, Ethernet0/0/0

→ 步骤 2——查看路由协议。

在路由器上使用 show ip protocol 命令查看路由协议。

```
R1#show ip protocols
Routing Protocol is "ospf 1"           #OSPF 进程 ID 为 1
  Outgoing update filter list for all interfaces is not set
  Incoming update filter list for all interfaces is not set
  Router ID 192.168.2.1                #路由器 ID 号
  Number of areas in this router is 1. 1 normal 0 stub 0 nssa
  Maximum path: 4
  Routing for Networks:                #通告的直连网络
    192.168.1.0 0.0.0.255 area 0
    192.168.2.0 0.0.0.255 area 0
  Routing Information Sources:
    Gateway         Distance      Last Update
    192.168.2.1     110           00:14:05
    192.168.4.1     110           00:14:06
    192.168.5.2     110           00:14:06
  Distance: (default is 110)           #管理距离
```

→ 步骤 3——查看 OSPF 邻居。

在路由器上使用 show ip ospf neighbor 命令查看路由器的邻居的基本信息。

```
R2#show ip ospf neighbor
Neighbor ID    Pri   State        Dead Time   Address       Interface
192.168.2.1    1     FULL/BDR     00:00:36    192.168.2.1   FastEthernet0/1
192.168.5.2    1     FULL/DR      00:00:36    192.168.4.2   Ethernet0/0/0
```

在路由器上使用 show ip ospf interface 命令查看运行 OSPF 路由协议的接口的详细信息。

```
R2#show ip ospf interface f0/1
FastEthernet0/1 is up, line protocol is up    #接口状态，要想正常工作，必须两个都 Up
  Internet address is 192.168.2.2/24, Area 0      # IP 地址和区域
  Process ID 1, Router ID 192.168.4.1, Network Type BROADCAST, Cost: 1
```

```
                    #进程 ID、路由器 ID、网络类型、开销值
    Transmit Delay is 1 sec, State DR, Priority 1    #传输延迟、状态及优先级
    Designated Router (ID) 192.168.4.1, Interface address 192.168.2.2
    Backup Designated Router (ID) 192.168.2.1, Interface address 192.168.2.1
    Timer intervals configured, Hello 10, Dead 40, Wait 40, Retransmit 5    #Hello 间隔时间
      Hello due in 00:00:05
    Index 1/1, flood queue length 0
    Next 0x0(0)/0x0(0)
    Last flood scan length is 1, maximum is 1
    Last flood scan time is 0 msec, maximum is 0 msec
    Neighbor Count is 1, Adjacent neighbor count is 1
      Adjacent with neighbor 192.168.2.1    (Backup Designated Router)
    Suppress hello for 0 neighbor(s)
```

→ 步骤 4——测试连通性。

- 在 PC1 上 ping 192.168.3.1，测试连通性。
- 在 PC2 上 ping 192.168.5.1，测试连通性。
- 在 PC3 上 ping 192.168.1.1，测试连通性。

任务 3：观察 OSPF 邻居建立情况

在 R2 路由器特权模式下使用 debug ip ospf adj 命令，然后将 R2 的 f0/1 端口关闭后再打开，观察 R2 路由器的响应行提示信息。

```
    R2(config)#int f0/1
    R2(config-if)#shutdown
    %LINK-5-CHANGED: Interface FastEthernet0/1, changed state to administratively down
    #接口 down
    %LINEPROTO-5-UPDOWN: Line protocol on Interface FastEthernet0/1, changed state to down
    #链路协议 down
    00:05:48: %OSPF-5-ADJCHG: Process 1, Nbr 192.168.2.1 on FastEthernet0/1 from FULL to
    DOWN, Neighbor Down: Interface down or detached
    #邻居 down
    略！
    R2(config-if)#no shutdown
    %LINK-5-CHANGED: Interface FastEthernet0/1, changed state to up
    #接口 up
    %LINEPROTO-5-UPDOWN: Line protocol on Interface FastEthernet0/1, changed state to up
    #接口链路协议 up
    略！
```

```
00:06:57: %OSPF-5-ADJCHG: Process 1, Nbr 192.168.2.1 on FastEthernet0/1 from LOADING
to FULL, Loading Done
#邻居建立成功
略！
R2(config-if)#
```

3.4.3 实例 2——修改 OSPF 度量值

1．实例简介

在本实例中，网络中已经正常运行 OSPF 路由协议，通过修改端口带宽和链路 Cost 值来改变路由的 OSPF 度量值，从而改变路由器的路径选择。实验拓扑如图 3-11 所示。

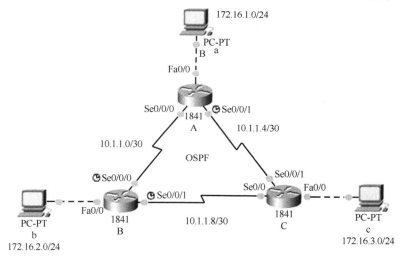

图 3-11 OSPF 路由协议

2．学习目标

① 通过修改端口带宽来修改 OSPF 度量值；
② 通过修改链路 Cost 值来修改 OSPF 度量值。

3．操作过程

任务 1：观察路由表和 OSPF 度量值

→ 步骤 1——查看并记录路由表。

在路由器 A 上使用 show ip route 命令查看路由表。

```
A#show ip route
略！
        10.0.0.0/30 is subnetted, 3 subnets
C       10.1.1.0 is directly connected, Serial0/0/0
C       10.1.1.4 is directly connected, Serial0/0/1
O       10.1.1.8 [110/128] via 10.1.1.1, 00:13:08, Serial0/0/0
                  [110/128] via 10.1.1.6, 00:12:32, Serial0/0/1
        172.16.0.0/24 is subnetted, 3 subnets
C       172.16.1.0 is directly connected, FastEthernet0/0
O       172.16.2.0 [110/65] via 10.1.1.1, 00:13:43, Serial0/0/0
O       172.16.3.0 [110/65] via 10.1.1.6, 00:12:32, Serial0/0/1
```

→ 步骤 2——测试 OSPF 度量值对路由的影响。

在模拟模式下，从计算机 a 上 ping 10.1.1.9，会发现有两个数据包从路由器 A 发出经由路由器 B 到达 10.1.1.9，而另外两个数据包从路由器 A 发出经由路由 C 到达 10.1.1.9，这是因为从路由器 A 到达 10.1.1.8 网络有两条度量值相等的路由，一条是经由路由器 B，一条是经由路由 C。

任务 2：修改端口带宽来影响 OSPF 度量值

→ 步骤 1——查看端口带宽和链路开销值。

查看路由器 A 的 s0/0/0 端口的带宽和开销值。

```
A#show interfaces s0/0/0
略！
    MTU 1500 bytes, BW 1544 Kbit, DLY 20000 usec,
略！
```
端口带宽是 1 544 kbps
```
A#show ip ospf interface s0/0/0
略！
    Process ID 1, Router ID 172.16.1.254, Network Type POINT-TO-POINT, Cost: 64
略！
```
链路开销值是 64。

→ 步骤 2——修改端口带宽。

修改路由器 A 的 s0/0/0 端口的带宽。

```
A(config)#int s0/0/0
A(config-if)#bandwidth 128
```

→ 步骤 3——再次查看端口带宽和链路开销值。

再次查看路由器 A 的 s0/0/0 端口的带宽和开销值。

```
A#show interfaces s0/0/0
```

略！
    MTU 1500 bytes, BW 128 Kbit, DLY 20000 usec,
略！
端口带宽是 1 544 kbps
A#show ip ospf interface s0/0/0
略！
    Process ID 1, Router ID 172.16.1.254, Network Type POINT-TO-POINT, Cost: 781
略！
链路开销值是 64。

→ 步骤 4——再次查看路由表和 OSPF 路由开销值。

再次查看路由器 A 的路由表以及到达 10.1.1.0 网络的开销值。

```
A#show ip route
略！
         10.0.0.0/30 is subnetted, 3 subnets
C           10.1.1.0 is directly connected, Serial0/0/0
C           10.1.1.4 is directly connected, Serial0/0/1
O IA        10.1.1.8 [110/128] via 10.1.1.6, 00:25:40, Serial0/0/1
         172.16.0.0/24 is subnetted, 3 subnets
C           172.16.1.0 is directly connected, FastEthernet0/0
O           172.16.2.0 [110/782] via 10.1.1.1, 00:05:54, Serial0/0/0
O           172.16.3.0 [110/65] via 10.1.1.6, 00:25:40, Serial0/0/1
```

→ 步骤 5——测试。

在模拟模式下，再次从计算机 a 上 ping 10.1.1.9，发现 4 个数据包全部经由路由器 C 到达 10.1.1.9。由此可见，由于路由器 A 的 s0/0/0 端口的带宽降低，导致路由器 A 和路由器 B 之间的链路开销值由原来的 64 变为 781，因此累计开销为 845，而从路由器 A 出发经由路由器 C 到达 10.1.1.9 的累计开销仍为 128，是最佳路径。

任务 3：修改链路开销值来影响 OSPF 度量值

→ 步骤 1——还原端口带宽。

将路由器 A 的 s0/0/0 端口带宽还原至 1 555 kbps。

→ 步骤 2——查看路由表。

```
A#show ip route
略！
         10.0.0.0/30 is subnetted, 3 subnets
C           10.1.1.0 is directly connected, Serial0/0/0
C           10.1.1.4 is directly connected, Serial0/0/1
O IA        10.1.1.8 [110/128] via 10.1.1.6, 00:42:11, Serial0/0/1
```

```
                    [110/128] via 10.1.1.1, 00:03:21, Serial0/0/0
         172.16.0.0/24 is subnetted, 3 subnets
C           172.16.1.0 is directly connected, FastEthernet0/0
O           172.16.2.0 [110/65] via 10.1.1.1, 00:03:21, Serial0/0/0
O           172.16.3.0 [110/65] via 10.1.1.6, 00:42:11, Serial0/0/1
```

→ 步骤 3——修改链路开销值。

修改路由器 A 的 s0/0/0 端口的链路开销值为 48。

```
A(config)#int s0/0/0
A(config-if)#ip ospf cost 48
```

→ 步骤 4——检查链路开销值。

检查路由器 A 的 s0/0/0 端口的开销值是否为 48。

```
A#show ip ospf interface s0/0/0
略!
         Process ID 1, Router ID 172.16.1.254, Network Type POINT-TO-POINT, Cost: 48
```

→ 步骤 5——再次查看路由表。

```
A#show ip route
略!
         10.0.0.0/30 is subnetted, 3 subnets
C           10.1.1.0 is directly connected, Serial0/0/0
C           10.1.1.4 is directly connected, Serial0/0/1
O           10.1.1.8 [110/112] via 10.1.1.1, 00:02:13, Serial0/0/0
         172.16.0.0/24 is subnetted, 3 subnets
C           172.16.1.0 is directly connected, FastEthernet0/0
O           172.16.2.0 [110/49] via 10.1.1.1, 00:02:13, Serial0/0/0
O           172.16.3.0 [110/65] via 10.1.1.6, 00:45:50, Serial0/0/1
```

路由器 A 与路由器 B 之间的链路开销为 48，路由器 B 到达 10.1.1.9 出口的开销为 64，累计开销为 112，优于路由器 C 方向上的路由开销值，是最佳路径。

3.5　本章小结

本章主要通过实例来讲解路由和路由协议，以及各种路由协议的配置方法。本章静态路由协议和动态路由协议实例所采用拓扑相近，便于发现和比较各种路由协议的不同之处；在本章中，你还能发现 RIPv1 和 RIPv2 的不同之处，学会 OSPF 和 EIGRP 各自的配置方法，并能掌握验证和故障排除的技术。

思考与练习

① 为什么在修改静态路由前必须先从配置中删除该静态路由？

② 如果启用自动总结，那么 RIPv2 是否会在其路由更新信息中包含子网掩码？子网掩码是有类的还是无类的？

③ 参考下图，路由器 R1 和 R2 使用 RIPv2 交换路由更新信息。R2 有到 R3 的默认静态路由，R3 也有到 R2 的默认静态路由。如果路由器 R1 禁用了自动总结（No Auto-Summary），R2 是否还能到达 R1 和 R3 上的网络？

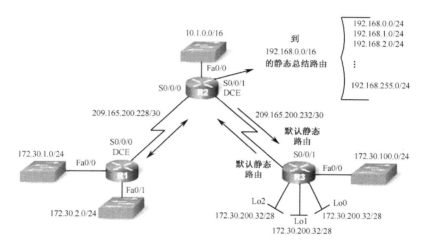

④ 无类路由协议和有类路由协议的区别是什么？有类路由协议如何确定路由更新信息中的子网掩码？

⑤ 什么是 CDP，选择禁用它的理由是什么？

⑥ 如果数据包的目的网络不在路由器的路由表中，该数据包会如何处理？

第4章 >>>

网络交换

本章要点

- 交换式 LAN
- VLAN
- VTP
- VLAN 间路由

4.1 交换式 LAN

4.1.1 分层网络模型

1. 分层的优势

在组建中小型企业局域网时,如果采用分层设计模型更容易管理和扩展,排除故障也更迅速。分层网络设计需要将网络分成互相分离的层,每层提供特定的功能,这些功能界定了该层在整个网络中扮演的角色。通过对网路的各种功能进行分离,可以实现模块化的网络设计,有利于提高网络的可扩展性和性能。典型的分层设计模型可分为三层:接入层、分布层和核心层。

(1)接入层

接入层负责连接终端设备(例如,PC、打印机和 IP 电话)以提供对网络中其他部分的访问。接入层中可能包含路由器、交换机、网桥、集线器和无线接入点。接入层的主要目的是提供一种将设备连接到网络并控制允许网络上的哪些设备进行通信的方法。

(2)分布层

分布层先汇聚接入层交换机发送的数据,再将其传输到核心层,最后发送到最终目的地。分布层使用策略控制网络的通信流并通过在接入层定义的虚拟 LAN(VLAN)之间执行路由(Routing)功能来划定广播域。为确保可靠性,分布层交换机通常是高性能、高可用性和具有高级冗余功能的设备。在本书其他章节中,您还将学习有关 VLAN、广播域和 VLAN 间路由的知识。

(3)核心层

分层设计的核心层是网际网络的高速主干。核心层是分布层设备之间互连的关键,因此核心层保持高可用性和高冗余性非常重要。核心层也可连接到 Internet 资源。核心层汇聚所有分布层设备发送的流量,因此它必须能够快速转发大量的数据。

2. 交换机的特性

在选择接入层、分布层或核心层交换机时,应考虑交换机对端口密度、转发速率和网络带宽聚合需求的支持能力。

(1) 端口密度

端口密度是指一台交换机上可用的端口数。固定配置交换机通常一台设备至多支持 48 个端口，部分机型至多还提供 4 个附加端口用于连接小型可插拔（SFP）设备。通过附加的多个交换机端口线路卡，模块化交换机可以支持很高的端口密度。

(2) 转发速率

转发速率通过标定交换机每秒能够处理的数据量来定义交换机的处理能力。交换机产品线按转发速率来分类。入门级交换机的转发速率低于企业级的交换机。在选择交换机时，转发速率是要考虑的重要因素。如果交换机的转发速率太低，则它无法支持在其所有端口之间实现全线速通信。通常接入层交换机不需要全线速运行，因为它们实际上会受通往分布层的上行链路的限制。这样，您可以在接入层使用较便宜、性能较低的交换机，而在分布层和核心层则使用较昂贵、性能较高的交换机，不同层的转发速率有很大差别。

(3) 链路聚合

链路聚合允许将 8 个交换机端口绑定在一起来共同传输数据，因此在使用千兆以太网端口时至多可以提供 8 Gbps 的数据吞吐能力。某些企业级交换机通过增加多个万兆以太网（10GbE）上行链路可以提供很高的吞吐能力。

3. 交换机转发方式

(1) 存储转发交换

在存储转发交换中，当交换机收到帧时，它将数据存储在缓冲区中，直到接收完完整的帧。在存储过程期间，交换机分析帧以获得有关其目的地的信息。在此过程中，交换机还将使用以太网帧的循环冗余校验（CRC）帧尾部分来执行错误检查。

(2) 直通交换

在直通交换中，交换机在收到数据时立即处理数据，即使传输尚未完成。交换机只缓冲帧的一部分，缓冲的量仅足以读取目的 MAC 地址，以便确定转发数据时应使用的端口。

4. 第 2 层和第 3 层交换

第 2 层局域网交换机只根据 OSI 模型的数据链路层（第 2 层）MAC 地址执行交换和过滤，第 2 层交换机建立了一张 MAC 地址表，它使用该表来作出转发决策。

第 3 层交换机（如 Catalyst 3560）的功能类似于第 2 层交换机（如 Catalyst 2960），但是第 3 层交换机不仅使用第 2 层 MAC 地址信息来作出转发决策，而且还可以使用 IP 地址信息。第 3 层交换机不仅知道哪些 MAC 地址与其每个端口关联，而且还可以知道哪些 IP 地址与其接口关联。第 3 层交换机还能够执行第 3 层路由功能，从而省去了 LAN 上对专用路由器的需要。

4.1.2 配置交换机

1．交换机的启动顺序

交换机加载启动加载器软件。启动加载器是存储在 NVRAM 中的小程序，并且在交换机第一次开启时运行。

启动加载器：

- 执行低级 CPU 初始化。启动加载器初始化 CPU 寄存器，寄存器控制物理内存的映射位置、内存量以及内存速度。
- 执行 CPU 子系统的加电自检（POST）。启动加载器测试 CPU DRAM 以及构成闪存文件系统的闪存设备部分。
- 初始化系统主板上的闪存文件系统。
- 将默认操作系统软件映像加载到内存中并启动交换机。启动加载器先在与 Cisco IOS 映像文件同名的目录（不包括.bin 扩展名）中查找交换机上的 Cisco IOS 映像，如果在该目录中未找到，则启动加载器软件搜索每一个子目录，然后继续搜索原始目录。
- 操作系统使用在操作系统配置文件 config.text（存储在交换机闪存中）中找到的 Cisco ISO 命令来初始化接口。

2．交换机的基本配置

交换机的基本配置与路由器类似，不同的是需要为交换机配置一个管理接口，但是这个管理接口并不是交换机的物理接口，而是一个 VLAN 的 IP 地址，并且要给交换机配置一个网关。

4.1.3 实例——使用 Packet Tracer 完成基本交换机配置

1．实例简介

在本实验中，首先要检查交换机的默认 LAN 配置，然后需要配置并检查独立式 LAN 交换机。虽然交换机在出厂后不进行配置即能执行基本功能，但网络管理员仍需要根据实际情况修改许多参数以确保 LAN 的安全和优化。本实验拓扑和地址表如图 4-1 和表 4-1 所示。

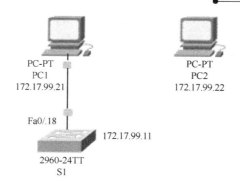

图 4-1 交换机基本配置拓扑

表 4-1 交换机基本配置 IP 地址表

设　备	接　口	IP 地址	子网掩码	默认网关
PC1	网卡	172.17.99.21	255.255.255.0	172.17.99.11
PC2	网卡	172.17.99.22	255.255.255.0	172.17.99.11
S1	VLAN99	172.17.99.11	255.255.255.0	172.17.99.1

2．学习目标

① 清除交换机的现有配置；
② 检验默认交换机配置；
③ 创建基本交换机配置；
④ 管理 MAC 地址表和配置端口安全性。

3．操作过程

任务 1：连接网络电缆，删除配置，然后重新加载交换机

→ 步骤 1——连接网络电缆。

根据拓扑图所示连接网络电缆，创建到交换机控制台的连接。

注：PC2 最初并未连接到交换机，并且只在任务 5 中使用。

→ 步骤 2——清除交换机上的配置。

输入 enable 命令进入特权执行模式，如果提示输入密码，请输入 class。如果密码无效，请咨询教师。

→ 步骤 3——删除 VLAN 数据库信息文件。

Switch#delete flash:vlan.dat
Delete filename [vlan.dat]?[Enter]
Delete flash:vlan.dat?[confirm] [Enter]

如果没有 VLAN 文件，则会显示以下消息：

%Error deleting flash:vlan.dat (No such file or directory)

→ 步骤 4——从 NVRAM 中删除交换机启动配置文件。

Switch#erase startup-config

响应行显示的提示信息为：

Erasing the nvram filesystem will remove all files! Continue? [confirm]

按 Enter 键确认，随后系统显示：

Erase of nvram: complete

→ 步骤 5——检查 VLAN 信息是否已删除。

使用 show vlan 命令检查步骤 2 是否确实删除了 VLAN 配置。

如果在步骤 2 中成功删除了 VLAN 信息，则使用 reload 命令重新启动交换机。

如果之前的 VLAN 配置信息（默认管理 VLAN 1 除外）仍然存在，则必须将交换机重新通电（硬件重启），而不能使用 reload 命令。要对交换机重新加电，请拔下交换机背面的电源线，然后重新插入。

→ 步骤 6——重新软启动。

注：如果已通过重新通电的方式重启了交换机，则无须执行此步骤。

在特权执行模式提示符下，输入 reload 命令。

Switch(config)#reload

响应行显示的提示信息为：

System configuration has been modified. Save? [yes/no]:

输入 n，然后按 Enter 键，响应行显示的提示信息为：

Proceed with reload? [confirm] [Enter]

系统响应的第一行显示为：

Reload requested by console.

交换机重新加载后，行提示为：

Would you like to enter the initial configuration dialog? [yes/no]:

输入 n，然后按 Enter 键，响应行显示的提示信息为：

Press RETURN to get started! [Enter]

任务 2：检验默认交换机配置

→ 步骤 1——进入特权模式。

在特权模式下可以访问所有交换机命令。不过，由于许多特权命令用于配置操作参数，因此应对特权访问采取密码保护，以防止未经授权的使用。密码在任务 3 中设置。

特权执行命令集包括用户执行模式中包含的命令和用于访问其余命令模式的 configure 命令。输入 enable 命令进入特权执行模式。

Switch>enable
Switch#

注意：配置中的提示将会改变，以反映特权执行模式。

→ 步骤 2——检查当前的交换机配置。

检查当前的运行配置文件。

Switch#show running-config

检查 NVRAM 当前的内容：

Switch#show startup-config
startup-config is not present

检查虚拟接口 VLAN1 的特征：

Switch#show interface vlan1

现在查看接口的 IP 属性：

Switch#show ip interface vlan1

→ 步骤 3——显示 Cisco IOS 信息。

检查交换机报告的下列版本信息。

Switch#show version

→ 步骤 4——检查快速以太网接口。

检查 PC1 使用的快速以太网接口的默认属性。

Switch#show interface fastethernet 0/18

→ 步骤 5——检查 VLAN 信息。

检查交换机的默认 VLAN 设置。

Switch#show vlan

→ 步骤 6——检查闪存。

发出下列命令之一，检查闪存目录的内容。

Switch#dir flash:

或

Switch#show flash

文件的文件名末尾有扩展名，例如 .bin。目录没有文件扩展名。要检查目录中的文件，请使用上一条命令输出中显示的文件名发出下列命令：

Switch#dir flash:c2960-lanbase-mz.122-25.SEE3

输出应如下所示：

Directory of flash: /c2960-lanbase-mz.122-25.SEE3/   6 drwx   4480   Mar 1 1993 00:04:42 +00:00   html   618   -rwx   4671175   Mar 1 1993 00:06:06 +00:00   c2960-lanbase-mz.122-25.SEE3.bin   619 -rwx   457   Mar 1 1993 00:06:06 +00:00   info 32514048 bytes total (24804864 bytes free)

→ 步骤 7——检查启动配置文件。

要查看启动配置文件的内容，请在特权执行模式下发出 show startup-config 命令。

```
Switch#show startup-config
startup-config is not present
Switch#configure terminal
Enter configuration commands, one per line.   End with CNTL/Z.
Switch(config)#hostname S1
S1(config)#exit
S1#
```

要将运行配置文件的内容保存到非易失性 RAM（NVRAM）中，请发出命令 copy running-config startup-config。

```
Switch#copy running-config startup-config
Destination filename [startup-config]?   (enter)
Building configuration...
[OK]
```

注：使用缩写 copy run start 输入此命令更容易。

现在使用 show startup-config 命令显示 NVRAM 的内容。

```
S1#show startup-config
Using 1170 out of 65536 bytes
!
version 12.2
no service pad
service timestamps debug uptime
service timestamps log uptime
no service password-encryption
!
hostname S1
```

当前的配置已经写入 NVRAM。

任务 3：创建基本交换机配置

→ 步骤 1——为交换机指定名称。

您已经在上一个任务的最后一步配置了主机名，下面是命令回顾。

```
S1#configure terminal
S1(config)#hostname S1
S1(config)#exit
```

→ 步骤 2——设置口令。

进入控制台的配置行模式，将登录口令设置为 cisco。另使用口令 cisco 配置 vty 线路 0～15。

```
S1#configure terminal
Enter the configuration commands, one for each line. When you are finished,
return to global configuration mode by entering the exit command or pressing
Ctrl-Z.
S1(config)#line console 0
S1(config-line)#password cisco
S1(config-line)#login
S1(config-line)#line vty 0 15
S1(config-line)#password cisco
S1(config-line)#login
S1(config-line)#exit
```

→ 步骤 3——设置命令模式口令。

将使能加密口令设置为 class，此口令用于保护对特权执行模式的访问。

```
S1(config)#enable secret class
```

→ 步骤 4——配置交换机的第 3 层地址。

必须先为主机分配 IP 地址，然后才可以从 PC1 远程管理交换机 S1。交换机的默认配置通过 VLAN1 管理交换机，但交换机基本配置的最佳做法是将管理 VLAN 改为 VLAN1 以外的 VLAN，这样做的意义和原因将在 4.2 节说明。

出于管理目的，将新创建的 VLAN99 作为管理 VLAN。

首先需要在交换机上创建新的 VLAN99，然后将交换机的 IP 地址设置为 172.17.99.11，在内部虚拟接口 VLAN99 上使用子网掩码 255.255.255.0。

```
S1(config)#vlan99
S1(config-vlan)#exit
S1(config)#interface vlan99
%LINEPROTO-5-UPDOWN: Line protocol on Interface Vlan99, changed state to down
S1(config-if)#ip address 172.17.99.11 255.255.255.0
S1(config-if)#no shutdown
S1(config-if)#exit
S1(config)#
```

注意：即使您输入了命令 no shutdown，VLAN99 接口也处于关闭状态。该接口目前关闭的原因是没有为 VLAN99 分配交换机端口。

将所有用户端口分配到 VLAN99。

```
S1#configure terminal
S1(config)#interface range fa0/1 - 24
S1(config-if-range)#switchport access vlan99
S1(config-if-range)#exit
S1(config-if-range)#
```

%LINEPROTO-5-UPDOWN: Line protocol on Interface Vlan1, changed state to down

%LINEPROTO-5-UPDOWN: Line protocol on Interface Vlan99, changed state to up

建立连接，主机使用的端口必须与交换机位于同一个 VLAN 中。在以上输出中，VLAN99 的接口关闭是因为没有为其分配端口。几秒钟后，VLAN99 将会打开，因为此时至少有一个端口已经分配到 VLAN99。

→ 步骤 5——设置交换机的默认网关。

S1 是一个 2 层交换机，因此根据第 2 层报头来做出转发决策。如果有多个网络连接到交换机，则需要指定交换机如何转发网间帧，因为路径必须在第 3 层确定，这可以通过规定指向路由器或第 3 层交换机的默认网关地址来实现。虽然此操作不包括外部 IP 网关，但假定您最终会将 LAN 连接到路由器以进行外部访问，假设路由器上的 LAN 接口是 172.17.99.1，请设置交换机的默认网关。

```
S1(config)#ip default-gateway 172.17.99.1
S1(config)#exit
```

→ 步骤 6——检查管理 LAN 设置。

检查 VLAN99 上的接口设置。

```
S1#show interface vlan99
Vlan99 is up, line protocol is up
    Hardware is EtherSVI, address is 001b.5302.4ec1 (bia 001b.5302.4ec1)
    Internet address is 172.17.99.11/24
    MTU 1500 bytes, BW 1000000 Kbit, DLY 10 usec,
       reliability 255/255, txload 1/255, rxload 1/255
    Encapsulation ARPA, loopback not set
    ARP type: ARPA, ARP Timeout 04:00:00
    Last input 00:00:06, output 00:03:23, output hang never
    Last clearing of "show interface" counters never
    Input queue: 0/75/0/0 (size/max/drops/flushes); Total output drops: 0
    Queueing strategy: fifo
    Output queue: 0/40 (size/max)
    5 minute input rate 0 bits/sec, 0 packets/sec
    5 minute output rate 0 bits/sec, 0 packets/sec
       4 packets input, 1368 bytes, 0 no buffer
       Received 0 broadcasts (0 IP multicast)
       0 runts, 0 giants, 0 throttles
       0 input errors, 0 CRC, 0 frame, 0 overrun, 0 ignored
       1 packets output, 64 bytes, 0 underruns
       0 output errors, 0 interface resets
       0 output buffer failures, 0 output buffers swapped out
```

→ 步骤 7——配置 PC1 的 IP 地址和默认网关。

将 PC1 的 IP 地址设置为 172.17.99.21，使用子网掩码 255.255.255.0；将默认网关配置为 172.17.99.11。

→ 步骤 8——检验连通性。

要检查主机和交换机的配置是否正确，请从 PC1 上 ping 交换机的 IP 地址（172.17.99.11）。ping 操作是否成功？

如果不成功，请纠正交换机和主机的配置错误。

注意：可能需要尝试多次 ping 操作才会成功。

→ 步骤 9——配置快速以太网接口的端口速度和双工设置。

Configure the duplex and speed settings on Fast Ethernet 0/18. 完成时用 end 命令返回特权执行模式。

```
S1#configure terminal
S1(config)#interface fastethernet 0/18
S1(config-if)#speed 100
S1(config-if)#duplex full
S1(config-if)#end
%LINEPROTO-5-UPDOWN: Line protocol on Interface FastEthernet0/18, changed
state to down
%LINEPROTO-5-UPDOWN: Line protocol on Interface Vlan99, changed state to down
%LINK-3-UPDOWN: Interface FastEthernet0/18, changed state to down
%LINK-3-UPDOWN: Interface FastEthernet0/18, changed state to up
%LINEPROTO-5-UPDOWN: Line protocol on Interface FastEthernet0/18, changed
state to up
%LINEPROTO-5-UPDOWN: Line protocol on Interface Vlan99, changed state to up
```

接口 FastEthernet 0/18 和 VLAN99 的线路协议将会暂时关闭。

交换机的以太网接口默认自动检测，因此它会自动协商最佳设置，仅在端口必须以特定速度和双工模式运行时才手动设置双工和速度，因为手动配置端口可能导致双工不匹配，从而严重影响性能。

检查快速以太网接口新的双工速度设置。

```
S1#show interface fastethernet 0/18
FastEthernet0/18 is up, line protocol is up (connected)
  Hardware is Fast Ethernet, address is 001b.5302.4e92 (bia 001b.5302.4e92)
  MTU 1500 bytes, BW 100000 Kbit, DLY 100 usec,
     reliability 255/255, txload 1/255, rxload 1/255
  Encapsulation ARPA, loopback not set
  Keepalive set (10 sec)
```

```
Full-duplex, 100Mb/s, media type is 10/100BaseTX
input flow-control is off, output flow-control is unsupported
ARP type: ARPA, ARP Timeout 04:00:00
Last input never, output 00:00:01, output hang never
Last clearing of "show interface" counters never
Input queue: 0/75/0/0 (size/max/drops/flushes); Total output drops: 0
Queueing strategy: fifo
Output queue: 0/40 (size/max)
5 minute input rate 0 bits/sec, 0 packets/sec
5 minute output rate 0 bits/sec, 0 packets/sec
    265 packets input, 52078 bytes, 0 no buffer
    Received 265 broadcasts (0 multicast)
    0 runts, 0 giants, 0 throttles
    0 input errors, 0 CRC, 0 frame, 0 overrun, 0 ignored
    0 watchdog, 32 multicast, 0 pause input
    0 input packets with dribble condition detected
    4109 packets output, 342112 bytes, 0 underruns
    0 output errors, 0 collisions, 1 interface resets
    0 babbles, 0 late collision, 0 deferred
    0 lost carrier, 0 no carrier, 0 PAUSE output
    0 output buffer failures, 0 output buffers swapped out
```

→ 步骤 10——保存配置。

您已经完成了交换机的基本配置，现在将运行配置文件备份到 NVRAM 中，以确保所做的更改在系统重新启动或断电时不会丢失。

```
S1#copy running-config startup-config
Destination filename [startup-config]?[Enter] Building configuration...
[OK]
S1#
```

→ 步骤 11——检查启动配置文件。

要查看 NVRAM 中存储的配置，请在特权执行模式下发出 show startup-config 命令。

```
S1#show startup-config
```

任务 4：管理 MAC 地址表

→ 步骤 1——记录主机的 MAC 地址。

使用下列命令确定并记录 PC 网络接口卡的第 2 层（物理）地址。

　开始 > 运行 > cmd > ipconfig /all

→ 步骤 2——确定交换机获取的 MAC 地址。

在特权执行模式下使用 show mac-address-table 命令显示 MAC 地址。

　　　S1#show mac-address-table

→　步骤 3——列出 show mac-address-table 选项。

　　　S1#show mac-address-table ?

只显示表中动态获取的 MAC 地址。

　　　S1#show mac-address-table address <PC1 MAC here>

→　步骤 4——清除 MAC 地址表。

在特权执行模式下使用 clear mac-address-table 命令删除现有的 MAC 地址。

　　　S1#clear mac-address-table dynamic

→　步骤 5——检查结果。

检查是否已经清除 MAC 地址。

　　　S1#show mac-address-table

→　步骤 6——再次检查 MAC 表。

　　PC1 上运行的应用程序很可能已经从网卡向 S1 发送了帧，请在特权执行模式下再次查看 MAC 地址表，看 S1 是否已经获取 PC1 的 MAC 地址。

　　　S1#show mac-address-table

如果 S1 尚未重新获取 PC1 的 MAC 地址，请从 PC1 上 ping 交换机的 VLAN99 IP 地址，然后重复步骤 6。

→　步骤 7——设置静态 MAC 地址。

　　要指定主机可以连接的端口，可以选择创建主机 MAC 地址到端口的静态映射。使用此任务步骤 1 中为 PC1 记录的地址设置快速以太网接口 0/18 的 MAC 地址。MAC 地址 00e0.2917.1884 只是一个示例，您必须使用您的 PC1 的 MAC 地址，可能不同于此处作为示例的地址。

　　　S1(config)#mac-address-table static 00e0.2917.1884 interface fastethernet 0/18 vlan 99

→　步骤 8——检查结果。

检查 MAC 地址表条目。

　　　S1#show mac-address-table

→　步骤 9——删除静态 MAC 条目。

　　要完成下一任务，必须删除静态 MAC 地址表条目；进入配置模式，在命令字符串前面加入 no 以删除该命令。

　　注：MAC 地址 00e0.2917.1884 只是一个示例，请使用您的 PC1 的 MAC 地址。

　　　S1(config)#no mac-address-table static 00e0.2917.1884 interface fastethernet 0/18 vlan 99

→　步骤 10——检查结果。

检查是否已经清除静态 MAC 地址。

　　　S1#show mac-address-table

任务 5：配置端口安全性

→ 步骤 1——配置第二台主机。

本任务还需要第二台主机。将 PC2 的 IP 地址设置为 172.17.99.32，子网掩码设置为 255.255.255.0，默认网关设置为 172.17.99.11，暂时不要将此 PC 连接到交换机。

→ 步骤 2——检验连通性。

从主机 ping 交换机的 VLAN 99 IP 地址，检验 PC1 和交换机的配置是否仍然正确。

ping 操作是否成功？

如果回答是否，请纠正主机和交换机的配置错误。

→ 步骤 3——复制主机 MAC 地址。

写下任务 4 的步骤 1 中的 MAC 地址。

→ 步骤 4——确定交换机获取到哪些 MAC 地址。

在特权执行模式下使用 show mac-address-table 命令显示获取的 MAC 地址。

```
S1#show mac-address-table
```

→ 步骤 5——列出端口安全选项。

了解用于在快速以太网接口 0/18 上设置端口安全的选项。

```
S1# configure terminal
S1(config)#interface fastethernet 0/18
S1(config-if)#switchport port-security ?
  aging        Port-security aging commands
  mac-address  Secure mac address
  maximum      Max secure addresses
  violation    Security violation mode
  <cr>
S1(config-if)#switchport port-security
```

→ 步骤 6——在访问端口上配置端口安全。

将交换机端口 Fast Ethernet 0/18 配置为只接受两台设备，以动态获取这些设备的 MAC 地址，并且在发生违规时拦截来自无效主机的流量。

```
S1(config-if)#switchport mode access
S1(config-if)#switchport port-security
S1(config-if)#switchport port-security maximum 2
S1(config-if)#switchport port-security mac-address sticky
S1(config-if)#switchport port-security violation protect
S1(config-if)#exit
```

→ 步骤 7——检查结果。

显示端口安全设置。

```
S1#show port-security
```
→ 步骤 8——检查运行配置文件。
```
S1#show running-config
```
→ 步骤 9——修改端口的安全设置。

在接口 Fast Ethernet 0/18 上，将端口安全最大 MAC 地址数改为 1，并在发生违规时将其改为关闭。
```
S1(config-if)#switchport port-security maximum 1
S1(config-if)#switchport port-security violation shutdown
```
→ 步骤 10——检查结果。

显示端口安全设置。
```
S1#show port-security
```
改变后的端口安全设置是否反映了步骤 9 中的修改？

从 PC1 上 ping 交换机的 VLAN 99 地址以检验连通性，并且更新 MAC 地址表。现在应会看到 PC1 的 MAC 地址已经粘滞到运行配置中。
```
S1#show run
Building configuration...
<省略输出>
!
interface FastEthernet0/18
 switchport access vlan 99
 switchport mode access
 switchport port-security
 switchport port-security mac-address sticky
 switchport port-security mac-address sticky 00e0.2917.1884
 speed 100
全双工
!
<省略输出>
```
→ 步骤 11——引入非法主机。

断开 PC1 的连接，然后将 PC2 连接到端口 Fast Ethernet 0/18。从新主机上 ping VLAN 99 地址 172.17.99.11，等待琥珀色的链路指示灯变为绿色。指示灯在变为绿色后，通常会立即熄灭。

→ 步骤 12——显示端口配置信息。

如果只想查看快速以太网端口 0/18 的配置信息，在特权执行模式下输入以下命令：
```
S1#show interface fastethernet 0/18
```
→ 步骤 13——重新激活端口。

如果端口因安全违规事件而关闭，可以使用 no shutdown 命令来重新激活它。但是，只要非法主机连接到 Fast Ethernet 0/18，来自该主机的任何流量都会使端口失效。将 PC1 重新连接到 Fast Ethernet 0/18，然后在交换机上输入以下命令：

    S1# configure terminal
    S1(config)#interface fastethernet 0/18
    S1(config-if)# no shutdown
    S1(config-if)#exit

注：某些 IOS 版本可能需要手动输入 shutdown 命令，然后再输入 no shutdown 命令。
→ 步骤 14——课后清理。

除非另有指示，否则需删除交换机的配置、关闭主机计算机和交换机的电源，然后拔下电缆并存放好。

4.2 VLAN

4.2.1 VLAN 简介

1. 什么是 VLAN

VLAN（Virtual Local Area Network）：虚拟局域网。VLAN 技术可让网络管理员建立多组逻辑上联网的设备，即使这些设备与其他 VLAN 共享相同的基础架构，它们也能像在独立的网络中一样运作。在配置 VLAN 时，可为它指定一个描述性的名字，以说明该 VLAN 的用户的主要角色。

2. VLAN 的优点

VLAN 主要有以下优点。

（1）安全

含有敏感数据的用户组可与网络的其余部分隔离，从而降低泄露机密信息的可能性。

（2）降低成本

成本高昂的网络升级需求减少，现有带宽和上行链路的利用率更高，因此可节约成本。

（3）提高性能

将第 2 层平面网络划分为多个逻辑工作组（广播域）可减少网络上不必要的流量并提高性能。

（4）防范广播风暴

将网络划分为多个 VLAN 可减少参与广播风暴的设备数量。

（5）提高 IT 员工效率

VLAN 为管理网络带来了方便，因为有相似网络需求的用户将共享同一个 VLAN。当您为特定 VLAN 设置新的交换机时，之前为该 VLAN 配置的所有策略和规程均会在指定新交换机端口后应用到端口上。另外，通过为 VLAN 设置一个适当的名称，IT 员工很容易就知道该 VLAN 的功能。

（6）简化项目管理或应用管理

VLAN 将用户和网络设备聚合到一起，以支持商业需求或地域上的需求。通过职能划分，项目管理或特殊应用的处理都变得十分方便，此外，也很容易确定升级网络服务的影响范围。

3．VLAN 的 ID 范围

普通范围的 VLAN 用于中小型商业网络和企业网络，VLAN ID 范围为 1 到 1005，其中：
- 从 1002 到 1005 的 ID 保留供令牌环 VLAN 和 FDDI VLAN 使用。
- ID 1 和 ID 1002 到 1005 是自动创建的，不能删除。

配置存储在名为 vlan.dat 的 VLAN 数据库文件中，vlan.dat 文件则位于交换机的闪存中，因此删除配置文件是不能够删除 VLAN 的。

用于管理交换机之间 VLAN 配置的 VLAN 中继协议（VTP）只能识别普通范围的 VLAN，并将它们存储到 VLAN 数据库文件中。

4.2.2 实例——使用 Packet Tracer 配置 VLAN

1．实例简介

在本实验中，您将执行交换机上的基本配置任务创建 VLAN。虽然交换机以其出厂默认状态执行基本功能，但网络管理员仍需在工作过程中修改分配交换机到 VLAN 的端口，增加、移动和更改端口。检验 VLAN 配置，启用交换机间连接中继。本实验将介绍基本的交换机 VLAN 配置，配置 VLAN 拓扑如图 4-2 所示，配置 VLAN IP 地址表如表 4-2 所示，配置 VLAN 端的分配表如表 4-3 所示。

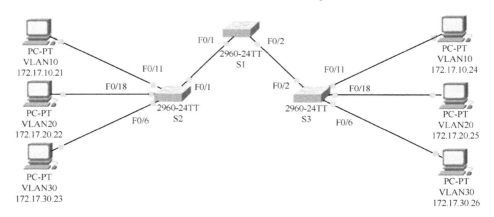

图 4-2　配置 VLAN 拓扑

表 4-2　配置 VLAN IP 地址表

设　备	接　口	IP 地址	IP 地址	默认网关
S1	VLAN	172.17.99.11	255.255.255.0	不适用
S2	VLAN	172.17.99.12	255.255.255.0	不适用
S3	VLAN	172.17.99.13	255.255.255.0	不适用
PC1	网卡	172.17.10.21	255.255.255.0	172.17.10.1
PC2	网卡	172.17.20.22	255.255.255.0	172.17.20.1
PC3	网卡	172.17.30.23	255.255.255.0	172.17.30.1
PC4	网卡	172.17.10.24	255.255.255.0	172.17.10.1
PC5	网卡	172.17.20.25	255.255.255.0	172.17.20.1
PC6	网卡	172.17.30.26	255.255.255.0	172.17.30.1

表 4-3　配置 VLAN 端口分配表

端　口	分　配	网　络
Fa0/1 – 0/5	VLAN99 – Management&Native	172.17.99.0/24
Fa0/6 – 0/10	VLAN30 – Guest(Default)	172.17.30.0/24
Fa0/11 – 0/17	VLAN10 – Faculty/Staff	172.17.10.0/24
Fa0/18 – 0/24	VLAN20 – Students	172.17.20.0/24

2．学习目标

① 执行交换机上的基本配置任务，创建 VLAN；
② 分配交换机端口到 VLAN，增加、移动和更改端口；
③ 检验 VLAN 配置，对交换机间连接启用中继功能；
④ 检验中继配置，保存 VLAN 配置。

3. 操作过程

任务 1：执行基本交换机配置

基本交换机配置任务如下：
- 配置交换机主机名。
- 禁用 DNS 查找。
- 将执行模式口令配置为 class。
- 为控制台连接配置口令 cisco。
- 为 vty 连接配置口令 cisco。

任务 2：配置并激活以太网接口

使用地址表中的 IP 地址和默认网关配置 6 台 PC 的以太网接口。

注意：现在 PC1 的 IP 地址会标记是错误的，稍后您将需要更改 PC1 的 IP 地址。

任务 3：在交换机上配置 VLAN

→ 步骤 1——在交换机 S1 上创建 VLAN。

在全局配置模式下使用 vlan vlan-id 命令将 VLAN 添加到交换机 S1。本练习需要配置 4 个 VLAN。创建 VLAN 之后，您将处于 VLAN 配置模式，在该模式下可以使用 vlan name 命令为 VLAN 指定名称。

```
S1(config)#vlan 99
S1(config-vlan)#name Management&Native
S1(config-vlan)#exit
S1(config)#vlan 10
S1(config-vlan)#name Faculty/Staff
S1(config-vlan)#exit
S1(config)#vlan 20
S1(config-vlan)#name Students
S1(config-vlan)#exit
S1(config)#vlan 30
S1(config-vlan)#name Guest(Default)
S1(config-vlan)#exit
```

→ 步骤 2——检验在 S1 上创建的 VLAN。

使用 show vlan brief 命令检验 VLAN 是否已成功创建。

```
S1#show vlan brief
VLAN Name                        Status    Ports
---- -------------------------------- --------- -------------------------------
```

	1	default	active	Fa0/1, Fa0/2, Fa0/4, Fa0/5
				Fa0/6, Fa0/7, Fa0/8, Fa0/9
				Fa0/10, Fa0/11, Fa0/12, Fa0/13
				Fa0/14, Fa0/15, Fa0/16, Fa0/17
				Fa0/18, Fa0/19, Fa0/20, Fa0/21
				Fa0/22, Fa0/23, Fa0/24, Gi0/1
				Gi0/2
	10	Faculty/Staff	active	
	20	Students	active	
	30	Guest(Default)	active	
	99	Management&Native	active	

→ 步骤 3——在交换机 S2 和 S3 上配置并命名 VLAN。

使用步骤 1 中的命令在 S2 和 S3 上创建并命名 VLAN10、VLAN20、VLAN30 和 VLAN99。使用 show vlan brief 命令检验配置是否正确。

→ 步骤 4——在 S2 和 S3 上将交换机端口分配给 VLAN。

请参考端口分配表，在接口配置模式下使用 switchport access vlan vlan-id 命令将端口分配给 VLAN。

```
S2(config)#interface fastEthernet0/6
S2(config-if)#switchport access vlan 30
S2(config-if)#interface fastEthernet0/11
S2(config-if)#switchport access vlan 10
S2(config-if)#interface fastEthernet0/18
S2(config-if)#switchport access vlan 20
S2(config-if)#end
S2#copy running-config startup-config
Destination filename [startup-config]? [enter]
Building configuration...
[OK]
```

注意：现在 Fa0/11 接入 VLAN 的配置是错误的，您将在稍后的练习中更正该错误。

在 S3 上重复相同的命令。

→ 步骤 5——确定已添加的端口。

在 S2 上使用 show vlan id vlan-number 命令查看哪些端口已分配给 VLAN10。

注意：show vlan name vlan-name 可显示相同的输出。

您也可以使用 show interfaces switchport 命令查看 VLAN 分配信息。

→ 步骤 6——分配管理 VLAN。

管理 VLAN 是您配置用于访问交换机管理功能的 VLAN。如果您没有特别指明使用其他

VLAN，那么 VLAN 1 将作为管理 VLAN。您需要为管理 VLAN 分配 IP 地址和子网掩码。交换机可通过 HTTP、Telnet、SSH 或 SNMP 进行管理。因为 Cisco 交换机的出厂配置将 VLAN 1 作为默认 VLAN，所以将 VLAN 1 用作管理 VLAN 不是明智的选择。您肯定不愿意连接到交换机的任何用户都默认连接到管理 VLAN。在本实验前面的部分中，我们已经将管理 VLAN 配置为 VLAN 99。

在接口配置模式下，使用 ip address 命令为交换机分配管理 IP 地址。

```
S1(config)#interface vlan 99
S1(config-if)#ip address 172.17.99.11 255.255.255.0
S1(config-if)#no shutdown
S2(config)#interface vlan 99
S2(config-if)#ip address 172.17.99.12 255.255.255.0
S2(config-if)#no shutdown
S3(config)#interface vlan 99
S3(config-if)#ip address 172.17.99.13 255.255.255.0
S3(config-if)#no shutdown
```

分配管理地址后，交换机之间便可通过 IP 通信，此外任何主机只要连接到已分配给 VLAN99 的端口，这些主机便能连接到交换机上。因为 VLAN99 配置为管理 VLAN，所以任何分配到该 VLAN 的端口都应视为管理端口，并且应该对这些端口实施安全保护，控制可以连接到这些端口的设备。

→ 步骤 7——为所有交换机上的中继端口配置中继和本征 VLAN。

中继是交换机之间的连接，它允许交换机交换所有 VLAN 的信息。默认情况下，中继端口属于所有 VLAN，而接入端口则仅属于一个 VLAN。如果交换机同时支持 ISL 和 IEEE 802.1q VLAN 封装，则中继必须指定使用哪种方法。因为 2960 交换机仅支持 IEEE 802.1q 中继，所以在本练习中并未指定需要使用哪种方法。

本征 VLAN 分配给 IEEE 802.1q 中继端口。在拓扑中，本征 VLAN 是 VLAN99。IEEE 802.1q 中继端口支持来自多个 VLAN 的流量（已标记流量），也支持来源不是 VLAN 的流量（无标记流量）。IEEE 802.1q 中继端口会将无标记流量发送到本征 VLAN。产生无标记流量的计算机被连接到配置有本征 VLAN 的交换机端口。在有关本征 VLAN 的 IEEE 802.1q 规范中，其中一项的作用便是维护向下兼容传统 LAN 方案中常见无标记流量的能力。对于本练习而言，本征 VLAN 的作用是充当中继链路两端的通用标识符。最佳做法是使用 VLAN1 以外的 VLAN 作为本征 VLAN。

```
S1(config)#interface fa0/1
S1(config-if)#switchport mode trunk
S1(config-if)#switchport trunk native vlan 99
S1(config-if)#interface fa0/2
S1(config-if)#switchport mode trunk
```

```
S1(config-if)#switchport trunk native vlan 99
S1(config-if)#end

S2(config)#interface fa0/1
S2(config-if)#switchport mode trunk
S2(config-if)#switchport trunk native vlan 99
S2(config-if)#end

S3(config)#interface fa0/2
S3(config-if)#switchport mode trunk
S3(config-if)#switchport trunk native vlan 99
S3(config-if)#end
```

使用 show interface trunk 命令检验中继的配置情况。

```
S1#show interface trunk
Port       Mode        Encapsulation    Status      Native vlan
Fa0/1      on          802.1q           trunking    99
Fa0/2      on          802.1q           trunking    99


Port       Vlans allowed on trunk
Fa0/1      1-1005
Fa0/2      1-1005


Port       Vlans allowed and active in management domain
Fa0/1      1,10,20,30,99,1002,1003,1004,1005
Fa0/2      1,10,20,30,99,1002,1003,1004,1005


Port       Vlans in spanning tree forwarding state and not pruned
Fa0/1      1,10,20,30,99,1002,1003,1004,1005
Fa0/2      1,10,20,30,99,1002,1003,1004,1005
```

→ 步骤 8——检验交换机之间是否能够通信。

从 S1 上 ping S2 和 S3 的管理地址。

```
S1#ping 172.17.99.12

Type escape sequence to abort.
Sending 5, 100-byte ICMP Echos to 172.17.99.12, timeout is 2 seconds:
..!!!
Success rate is 100 percent (5/5), round-trip min/avg/max = 1/2/9 ms
```

```
S1#ping 172.17.99.13
Type escape sequence to abort.
Sending 5, 100-byte ICMP Echos to 172.17.99.13, timeout is 2 seconds:
..!!!
Success rate is 80 percent (4/5), round-trip min/avg/max = 1/1/1 ms
```

- 步骤 9——从 PC2 上 ping 其他主机。
- 从主机 PC2 上 ping 主机 PC1 (172.17.10.21)。ping 是否成功？
- 从主机 PC2 上 ping 交换机 VLAN 99 IP 地址 172.17.99.12。ping 是否成功？

因为这些主机处于不同的子网中，而且在不同的 VLAN 内，所以如果没有第 3 层设备提供各个子网之间的路由，这些主机将无法通信。

- 从主机 PC2 上 ping 主机 PC5。ping 是否成功？

因为 PC2 与 PC5 在相同的 VLAN 以及相同的子网中，所以能够 ping 通。

- 步骤 10——将 PC1 移到与 PC2 相同的 VLAN 中。

连接 PC2 的端口（S2Fa0/18）已分配给 VLAN20，而连接 PC1 的端口（S2 Fa0/11）已分配给 VLAN10。将 S2 Fa0/11 端口重新分配给 VLAN20。要更改端口所属的 VLAN，无须将端口先从原有的 VLAN 中删除，为端口重新分配新的 VLAN 之后，该端口将自动从以前的 VLAN 中删除。

```
S2#configure terminal
Enter configuration commands, one per line.   End with CNTL/Z.
S2(config)#interface fastethernet 0/11
S2(config-if)#switchport access vlan 20
S2(config-if)#end
```

- 从主机 PC2 上 ping 主机 PC1。ping 是否成功？
- 步骤 11——更改 PC1 的 IP 地址和网络。

将 PC1 的 IP 地址更改为 172.17.20.21，子网掩码和默认网关可以保留不变。使用新分配的 IP 地址再次从主机 PC2 上 ping 主机 PC1。

- ping 是否成功？为什么这次会成功？

4.3 VTP

4.3.1 VTP 简介

1. 什么是 VTP

VTP（VLAN Trunking Protocol）：是 VLAN 中继协议，也被称为虚拟局域网干道协议，它是思科的私有协议。VTP 允许网络管理员配置交换机,使之将 VLAN 配置传播到网络中的其他交换机。交换机可以配置为 VTP 服务器或 VTP 客户端。VTP 仅获知普通范围内的 VLAN(VLAN ID 为 1 到 1005)。VTP 不支持此范围以外的 VLAN(即 ID 大于 1005 的 VLAN)。VTP 允许网络管理员对作为 VTP 服务器的交换机进行更改。基本上,VTP 服务器会向整个交换网络中启用 VTP 的交换机分发和同步 VLAN 信息,从而最大限度地减少由错误配置和配置不一致而导致的问题。

2. VTP 的优点

- 整个网络的 VLAN 配置保持一致。
- 准确跟踪和监控 VLAN。
- 动态报告网络中添加的 VLAN。
- 当 VLAN 添加到网络时,动态执行中继配置。

3. VTP 要素

(1) VTP 域

由一台或多台相互连接的交换机组成。域中所有的交换机通过 VTP 通告共享 VLAN 配置的详细信息。路由器或第 3 层交换机定义了每个域的边界。

(2) VTP 模式

交换机可以配置为以下 3 种模式中的一种:服务器、客户端或透明。

- VTP 服务器——VTP 服务器会向相同 VTP 域中其他启用 VTP 的交换机通告 VTP 域的 VLAN 信息。VTP 服务器将整个域的 VLAN 信息存储在 NVRAM 中。域的 VLAN 即可在此服务器上创建、删除或重命名。
- VTP 客户端——VTP 客户端与 VTP 服务器的工作方式相同,但不可以在 VTP 客户端上创建、更改或删除 VLAN。VTP 客户端仅在交换机工作时储存整个域的 VLAN 信息。重置交换机会删除这些 VLAN 信息。必须经过配置,交换机才能处于 VTP 客户端模式。
- VTP 透明——透明交换机将 VTP 通告转发到 VTP 客户端和 VTP 服务器。透明交换机不参与 VTP。在透明交换机上创建、重命名或删除的 VLAN 仅对该交换机有效。

(3) VTP 密码

运行 VTP 的交换机可以不设置 VTP 密码,但是一旦设置密码就必须一致。

4.3.2 实例——使用 Packet Tracer 配置 VTP

1. 实例简介

作为网络中重要的配置，如何配置好 VTP 对网络非常重要，如何根据拓扑图进行网络布线，如何删除交换机启动配置并将交换机重新加载到默认状态，怎样执行交换机上的基本配置任务，在所有交换机上配置 VLAN 中继协议（VTP），如何对交换机间连接启用中继，怎样修改 VTP 模式并观察产生的影响，在 VTP 服务器上创建 VLAN，并将此 VLAN 信息分发给网络中的交换机，为 VLAN 分配交换机端口，说明修剪功能如何减少 LAN 中不必要的广播流量等相关重要的内容学习。拓扑图及地址和端口分配表如图 4-3 和表 4-4 所示。

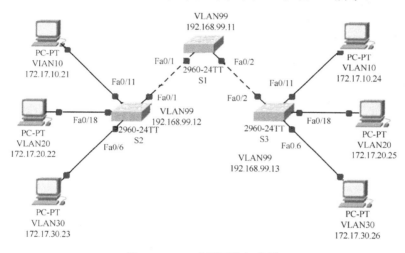

图 4-3　VTP 实训网络拓扑图

表 4-4　配置 VTP IP 地址表

设备	接口	IP 地址	IP 地址	默认网关
S1	VLAN	172.17.99.11	255.255.255.0	不适用
S2	VLAN	172.17.99.12	255.255.255.0	不适用
S3	VLAN	172.17.99.13	255.255.255.0	不适用
PC1	网卡	172.17.10.21	255.255.255.0	172.17.10.1
PC2	网卡	172.17.20.22	255.255.255.0	172.17.20.1
PC3	网卡	172.17.30.23	255.255.255.0	172.17.30.1
PC4	网卡	172.17.10.24	255.255.255.0	172.17.10.1
PC5	网卡	172.17.20.25	255.255.255.0	172.17.20.1
PC6	网卡	172.17.30.26	255.255.255.0	172.17.30.1

表 4-5 配置 VTP 端口分配表

端　口	分　配	网　络
Fa0/1 – 0/5	IEEE 802.1q 中继（本征 VLAN 99）	172.17.99.0/24
Fa0/6 – 0/10	VLAN30 – Guest(Default)	172.17.30.0/24
Fa0/11 – 0/17	VLAN10 – Faculty/Staff	172.17.10.0/24
Fa0/18 – 0/24	VLAN20 – Students	172.17.20.0/24

2．学习目标

① 根据拓扑图进行网络布线；
② 删除交换机启动配置并将交换机重新加载到默认状态，执行交换机上的基本配置任务；
③ 在所有交换机上配置 VLAN 中继协议（VTP）；
④ 启用交换机间连接中继，检验中继配置，修改 VTP 模式并观察产生的影响；
⑤ 在 VTP 服务器上创建 VLAN，并将此 VLAN 信息分发给网络中的交换机。
⑥ 说明 VTP 透明模式、服务器模式和客户端模式之间的工作差异；
⑦ 为 VLAN 分配交换机端口，保存 VLAN 配置；
⑧ 在网络上启用 VTP 修剪功能，说明修剪功能如何减少 LAN 中不必要的广播流量。

3．操作过程

任务 1：准备网络

→ 步骤 1——根据拓扑图所示完成网络电缆连接。

您可使用实验室中现有的、具有拓扑所示接口的交换机。本实验中的输出来自 2960 交换机，其他类型的交换机可能会产生不同的输出。如果您使用的是较早的交换机，可能有些命令会有所变化或者不再适用。

您可以看到，地址表中的 PC 配置了默认网关 IP 地址，此地址可能是本地路由器的 IP 地址，但本实验场景中未包括本地路由器。不同 VLAN 中的 PC 需要使用默认网关（即路由器）才能通信，这一问题将在后续章节讨论。

建立到所有 3 台交换机的控制台连接。

→ 步骤 2——清除交换机的所有配置。

使用 show vlan 命令来确认只存在默认 VLAN，并且所有端口都已分配给 VLAN1。

```
S1#show vlan
VLAN Name                   Status    Ports
---- ---------------------- --------- -------------------------------
1    default                active    Fa0/1, Fa0/2, Fa0/3, Fa0/4
                                      Fa0/5, Fa0/6, Fa0/7, Fa0/8
                                      Fa0/9, Fa0/10, Fa0/11, Fa0/12
```

	Fa0/13, Fa0/14, Fa0/15, Fa0/16
	Fa0/17, Fa0/18, Fa0/19, Fa0/20
	Fa0/21, Fa0/22, Fa0/23, Fa0/24
	Gig1/1, Gig1/2
1002 fddi-default	act/unsup
1003 token-ring-default	act/unsup
1004 fddinet-default	act/unsup
1005 trnet-default	act/unsup

→ 步骤 3——使用 shutdown 命令禁用所有端口。

```
S1(config)#interface range fa0/1-24
S1(config-if-range)#shutdown
S1(config-if-range)#interface range gi0/1-2
S1(config-if-range)#shutdown
S2(config)#interface range fa0/1-24
S2(config-if-range)#shutdown
S2(config-if-range)#interface range gi0/1-2
S2(config-if-range)#shutdown

S3(config)#interface range fa0/1-24
S3(config-if-range)#shutdown
S3(config-if-range)#interface range gi0/1-2
S3(config-if-range)#shutdown
```

→ 步骤 4——重新启用 S2 和 S3 上的用户端口。

将用户端口配置为接入模式。请参阅图 4-3 来确定哪些端口连接到最终用户设备。

```
S2(config)#interface fa0/6
S2(config-if)#switchport mode access
S2(config-if)#no shutdown
S2(config-if)#interface fa0/11
S2(config-if)#switchport mode access
S2(config-if)#no shutdown
S2(config-if)#interface fa0/18
S2(config-if)#switchport mode access
S2(config-if)#no shutdown
S3(config)#interface fa0/6
S3(config-if)#switchport mode access
S3(config-if)#no shutdown
S3(config-if)#interface fa0/11
```

```
S3(config-if)#switchport mode access
S3(config-if)#no shutdown
S3(config-if)#interface fa0/18
S3(config-if)#switchport mode access
S3(config-if)#no shutdown
```

任务 2：执行基本交换机配置

根据以下原则配置交换机 S1、S2 和 S3 并保存配置。
- 按照拓扑所示配置交换机主机名；
- 禁用 DNS 查找；
- 将执行模式口令配置为 class；
- 为控制台连接配置口令 cisco；
- 为 vty 连接配置口令 cisco。

交换机 S1 输出如下。

```
Switch>enable
Switch#configure terminal
Enter configuration commands, one per line.   End with CNTL/Z.
Switch(config)#hostname S1
S1(config)#enable secret class
S1(config)#no ip domain-lookup
S1(config)#line console 0
S1(config-line)#password cisco
S1(config-line)#login
S1(config-line)#line vty 0 15
S1(config-line)#password cisco
S1(config-line)#login
S1(config-line)#end
%SYS-5-CONFIG_I: Configured from console by console
S1#copy running-config startup-config
Destination filename [startup-config]?
Building configuration...
[OK]
```

任务 3：配置主机 PC 上的以太网接口

使用本实验开头部分地址表中的 IP 地址和默认网关配置 PC1、PC2、PC3、PC4、PC5 和 PC6 的以太网接口。确保 PC1 能 ping 通 PC4、PC2 能 ping 通 PC5、PC3 能 ping 通 PC6。

任务 4：在交换机上配置 VTP

VTP 可让网络管理员通过创建 VTP 域来控制网络上的 VLAN 实例。在每个 VTP 域中，可以将一台或多台交换机配置为 VTP 服务器。然后可以在 VTP 服务器上创建 VLAN，并将这些 VLAN 传送给域中的其他交换机。常见的 VTP 配置任务是设置工作模式、域和口令。在本实验中，您将使用 S1 作为 VTP 服务器，S2 和 S3 则将被配置为 VTP 客户端或 VTP 透明模式。

→ 步骤 1——检查 3 台交换机上的当前 VTP 设置。

```
S1#show vtp status
VTP Version                     : 2
Configuration Revision          : 0
Maximum VLANs supported locally : 255
LAN 交换和无线：VTP
实验 4.4.1：基本 VTP 配置
Number of existing VLANs        : 5
VTP Operating Mode              : Server
VTP Domain Name                 :
VTP Pruning Mode                : Disabled
VTP V2 Mode                     : Disabled
VTP Traps Generation            : Disabled
MD5 digest                      : 0x57 0xCD 0x40 0x65 0x63 0x59 0x47 0xBD
Configuration last modified by 0.0.0.0 at 0-0-00 00:00:00
Local updater ID is 0.0.0.0 (no valid interface found)
S2#show vtp status
VTP Version                     : 2
Configuration Revision          : 0
Maximum VLANs supported locally : 255
Number of existing VLANs        : 5
VTP Operating Mode              : Server
VTP Domain Name                 :
VTP Pruning Mode                : Disabled
VTP V2 Mode                     : Disabled
VTP Traps Generation            : Disabled
MD5 digest                      : 0x57 0xCD 0x40 0x65 0x63 0x59 0x47 0xBD
Configuration last modified by 0.0.0.0 at 0-0-00 00:00:00
Local updater ID is 0.0.0.0 (no valid interface found)

S3#show vtp status
```

```
VTP Version                       : 2
Configuration Revision            : 0
Maximum VLANs supported locally   : 255
Number of existing VLANs          : 5
VTP Operating Mode                : Server
VTP Domain Name                   :
VTP Pruning Mode                  : Disabled
VTP V2 Mode                       : Disabled
VTP Traps Generation              : Disabled
MD5 digest                        : 0x57 0xCD 0x40 0x65 0x63 0x59 0x47 0xBD
Configuration last modified by 0.0.0.0 at 0-0-00 00:00:00
```

注意：3 台交换机均处于服务器模式。服务器模式是大多数 Catalyst 交换机的默认 VTP 模式。

→ 步骤 2——在所有 3 台交换机上配置工作模式、域名和 VTP 口令。

在 3 台交换机上，全部将 VTP 域名设置为 Lab4，VTP 口令设置为 cisco；将 S1 配置为服务器模式，S2 配置为客户端模式，S3 配置为透明模式。

```
S1(config)#vtp mode server
Device mode already VTP SERVER.
S1(config)#vtp domain Lab4
Changing VTP domain name from NULL to Lab4
S1(config)#vtp password cisco
Setting device VLAN database password to cisco
S1(config)#end
S2(config)#vtp mode client
Setting device to VTP CLIENT mode
S2(config)#vtp domain Lab4
Changing VTP domain name from NULL to Lab4
S2(config)#vtp password cisco
Setting device VLAN database password to cisco
S2(config)#end
S3(config)#vtp mode transparent
Setting device to VTP TRANSPARENT mode.
S3(config)#vtp domain Lab4
Changing VTP domain name from NULL to Lab4
S3(config)#vtp password cisco
Setting device VLAN database password to cisco
S3(config)#end
```

注意：客户端交换机可从服务器交换机处获知 VTP 域名，但前提是客户端交换机的域为空。如果客户端交换机已设置有域名，则不会获知新的域名。因此，最好是在所有交换机上手动配置域名，以确保域名配置正确。位于不同 VTP 域中的交换机不会交换 VLAN 信息。

→ 步骤 3——为所有 3 台交换机上的中继端口配置中继和本征 VLAN。

在全局配置模式下使用 interface-range 命令来简化此项任务。

```
S1(config)#interface range fa0/1-5
S1(config-if-range)#switchport mode trunk
S1(config-if-range)#switchport trunk native vlan 99
S1(config-if-range)#no shutdown
S1(config-if-range)#end
S2(config)# interface range fa0/1-5
S2(config-if-range)#switchport mode trunk
S2(config-if-range)#switchport trunk native vlan 99
S2(config-if-range)#no shutdown
S2(config-if-range)#end
S3(config)# interface range fa0/1-5
S3(config-if-range)#switchport mode trunk
S3(config-if-range)#switchport trunk native vlan 99
S3(config-if-range)#no shutdown
S3(config-if-range)#end
```

→ 步骤 4——在 S2 和 S3 接入层交换机上配置端口安全功能。

配置端口 fa0/6、fa0/11 和 fa0/18，使它们只支持一台主机，并且动态获知该主机的 MAC 地址。

```
S2(config)#interface fa0/6
S2(config-if)#switchport port-security
S2(config-if)#switchport port-security maximum 1
S2(config-if)#switchport port-security mac-address sticky
S2(config-if)#interface fa0/11
S2(config-if)#switchport port-security
S2(config-if)#switchport port-security maximum 1
S2(config-if)#switchport port-security mac-address sticky
S2(config-if)#interface fa0/18
S2(config-if)#switchport port-security
S2(config-if)#switchport port-security maximum 1
S2(config-if)#switchport port-security mac-address sticky
S2(config-if)#end
S3(config)#interface fa0/6
S3(config-if)#switchport port-security
```

```
S3(config-if)#switchport port-security maximum 1
S3(config-if)#switchport port-security mac-address sticky
S3(config-if)#interface fa0/11
S3(config-if)#switchport port-security
S3(config-if)#switchport port-security maximum 1
S3(config-if)#switchport port-security mac-address sticky
S3(config-if)#interface fa0/18
S3(config-if)#switchport port-security
S3(config-if)#switchport port-security maximum 1
S3(config-if)#switchport port-security mac-address sticky
S3(config-if)#end
```

→ 步骤 5——在 VTP 服务器上配置 VLAN。

本实验还需要以下 4 个 VLAN：

- VLAN 99 (Management)；
- VLAN 10 (Faculty/Staff)；
- VLAN 20 (Students)；
- VLAN 30 (Guest)。

在 VTP 服务器上配置这些 VLAN。

```
S1(config)#vlan 99
S1(config-vlan)#name management
S1(config-vlan)#exit
S1(config)#vlan 10
S1(config-vlan)#name faculty/staff
S1(config-vlan)#exit
S1(config)#vlan 20
S1(config-vlan)#name students
S1(config-vlan)#exit
S1(config)#vlan 30
S1(config-vlan)#name guest
S1(config-vlan)#exit
```

使用 show vlan brief 命令检验 S1 上是否创建了这些 VLAN。

→ 步骤 6——检查 S1 上创建的 VLAN 是否已分发给 S2 和 S3。

在 S2 和 S3 上使用 show vlan brief 命令检查 VTP 服务器是否已将其 VLAN 配置传送给所有的交换机。

所有交换机上配置的 VLAN 都相同吗？

解释为什么 S2 和 S3 具有不同的 VLAN 配置。

➤ 步骤 7——在交换机 S2 和 S3 上创建新的 VLAN。

```
S2(config)#vlan 88
%VTP VLAN configuration not allowed when device is in CLIENT mode.
S3(config)#vlan 88
S3(config-vlan)#name test
S3(config-vlan)#
```

为什么您不能在 S2 上创建新的 VLAN，但在 S3 上可以？

从 S3 上删除 VLAN 88。

```
S3(config)#no vlan 88
```

➤ 步骤 8——手动配置 VLAN。

在交换机 S3 上配置步骤 5 中提到的 4 个 VLAN。

```
S3(config)#vlan 99
S3(config-vlan)#name management
S3(config-vlan)#exit
S3(config)#vlan 10
S3(config-vlan)#name faculty/staff
S3(config-vlan)#exit
S3(config)#vlan 20
S3(config-vlan)#name students
S3(config-vlan)#exit
S3(config)#vlan 30
S3(config-vlan)#name guest
S3(config-vlan)#exit
```

此时您能体会到 VTP 的一个优点。手动配置费时又容易出错，并且此处所犯的任何错误都可能阻碍 VLAN 内的通信；此外，此类错误也难以排查。

➤ 步骤 9——在所有 3 台交换机上配置管理接口地址。

```
S1(config)#interface vlan 99
S1(config-if)#ip address 172.17.99.11 255.255.255.0
S1(config-if)#no shutdown
S2(config)#interface vlan 99
S2(config-if)#ip address 172.17.99.12 255.255.255.0
S2(config-if)#no shutdown
S3(config)#interface vlan 99
S3(config-if)#ip address 172.17.99.13 255.255.255.0
S3(config-if)#no shutdown
```

在交换机之间执行 ping 操作，检查这些交换机是否都已得到正确配置。从 S1 上 ping S2 和 S3 的管理接口，从 S2 上 ping S3 的管理接口。

ping 是否成功？

若不成功，则排除交换机配置故障，然后重试。

→ 步骤 10——将交换机端口分配给 VLAN。

请参阅本实验开头的端口分配表，将端口分配给 VLAN。使用 interface range 命令可简化此任务。端口分配不是通过 VTP 完成的。必须在每台交换机上以手动方式或使用 VMPS 服务器动态执行端口分配。下面只显示了 S3 上的端口分配命令，但是交换机 S2 和 S1 的配置方法相似。完成后保存配置。

```
S3(config)#interface range fa0/6-10
S3(config-if-range)#switchport access vlan 30
S3(config-if-range)#interface range fa0/11-17
S3(config-if-range)#switchport access vlan 10
S3(config-if-range)#interface range fa0/18-24
S3(config-if-range)#switchport access vlan 20
S3(config-if-range)#end
S3#copy running-config startup-config
Destination filename [startup-config]? [enter]
Building configuration...
[OK]
```

任务 5：在交换机上配置 VTP 修剪功能

VTP 修剪功能可让 VTP 服务器针对特定 VLAN 限制 IP 广播流量，当交换机没有任何端口位于对应 VLAN 中时，广播流量便不会到达该交换机。默认情况下，VLAN 中的所有未知单播和广播流量会泛洪到整个 VLAN 中。网络中的所有交换机都会收到所有广播，即使只有极少数用户连接到该 VLAN 的情况下也是如此。VTP 修剪功能可消除这种不必要的流量。由于不会将广播发送给不需要的交换机，因此修剪功能可节省 LAN 带宽。

修剪功能是在服务器交换机的全局配置模式下使用 vtp pruning 命令配置的。这一配置也会发送到客户端交换机。但是，由于 S3 处于透明模式，因此必须在 S3 上以本地方式配置 VTP 修剪功能。

使用 show vtp status 命令确认每台交换机上的 VTP 修剪配置。每台交换机上都应该已启用 VTP 修剪模式。

```
S1#show vtp status
VTP Version                      : 2
Configuration Revision           : 17
Maximum VLANs supported locally  : 255
Number of existing VLANs         : 9
VTP Operating Mode               : Server
```

VTP Domain Name	: Lab4
VTP Pruning Mode	: Enabled

<省略输出>

任务 6：课后清理

删除配置，然后重新启动交换机，拆下电缆并放回保存处。对于通常连接到其他网络（例如，学校的 LAN 或 Internet）的 PC 主机，请重新连接相应的电缆并恢复原有的 TCP/IP 设置。

4.4 VLAN 间路由

4.4.1 VLAN 间路由简介

在传统的 VLAN 间路由中，路由器和交换机都必须有多个物理接口。然而，并非所有的 VLAN 间路由配置都要求多物理接口，许多路由器软件允许将路由器接口配置为中继链路，这是 VLAN 间路由的新应用方法。

1. 路由器实现 VLAN 间路由

由于路由器的物理接口数量是有限的，并不能满足每个 VLAN 占用一个物理接口来实现路由的要求。"单臂路由器"是通过将物理接口虚拟成多个子接口在网络中的多个 VLAN 之间发送流量的路由器配置，每个子接口配置有自己的 IP 地址、子网掩码和唯一的 VLAN 分配，使单个物理接口可同属于多个逻辑网络。

在使用单臂路由器模式配置 VLAN 间路由时，路由器的物理接口必须与相邻交换机的中继链路相连接。子接口针对网络上唯一的 VLAN／子网创建，每个子接口都分配有所属子网的 IP 地址，并对与其交互的 VLAN 帧添加 VLAN 标记。这样，路由器可以在流量通过中继链路返回交换机时区分不同子接口的流量。

2. 多层交换机实现 VLAN 间路由

为实现多层交换机的路由功能，交换机上的 VLAN 接口需配置与子网匹配的正确 IP 地址，且 VLAN 应与网络相关联。多层交换机必须启用 IP 路由功能。

4.4.2 实例——使用 Packet Tracer 配置 VLAN 间路由

1. 实例简介

在本实验中，您将根据拓扑图进行网络布线，清除交换机和路由器配置并将其重新加载到默认状态，在交换 LAN 和路由器上执行基本配置任务，在所有交换机上配置 VLAN 和 VLAN 中继协议（VTP），演示并说明创建 VLAN 对第 3 层边界的影响，配置路由器的快速以太网接口，使之支持 IEEE 802.1q 中继，根据所配置的 VLAN 为路由器配置子接口，演示并说明 VLAN 间路由。配置 VLAN 间路由网络拓扑如图 4-4 及表 4-6、表 4-7 和表 4-8 所示。

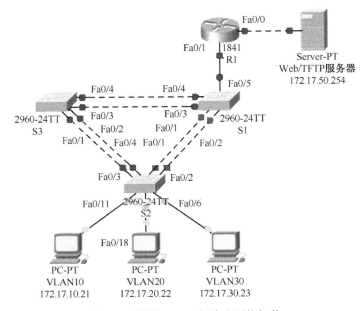

图 4-4　配置 VLAN 间路由网络拓扑

表 4-6　配置 VLAN 间路由 IP 地址表

设　备	接　口	IP 地址	IP 地址	默认网关
S1	VLAN	172.17.99.11	255.255.255.0	172.17.99.1
S2	VLAN	172.17.99.12	255.255.255.0	172.17.99.1
S3	VLAN	172.17.99.13	255.255.255.0	172.17.99.1
R1	Fa0/0	172.17.50.1	255.255.255.0	不适用
R1	Fa0/1	参见接口配置表	参见接口配置表	不适用
PC1	网卡	172.17.10.21	255.255.255.0	172.17.10.1
PC2	网卡	172.17.20.22	255.255.255.0	172.17.20.1
PC3	网卡	172.17.30.23	255.255.255.0	172.17.30.1
Server	网卡	172.17.50.254	255.255.255.0	172.17.50.1

表 4-7 配置 VLAN 间路由交换机端口分配表

端 口	分 配	网 络
Fa0/1 – 0/4	802.1q 中继（本征 VLAN 99）	172.17.99.0/24
Fa0/6 – 0/10	VLAN 30 – Guest(Default)	172.17.30.0/24
Fa0/11 – 0/17	VLAN 10 – Faculty/Staff	172.17.10.0/24
Fa0/18 – 0/24	VLAN 20 – Students	172.17.20.0/24

表 4-8 配置 VLAN 间路由接口配置表

路由器 R1	接 口	分配 IP 地址
Fa0/1.1	VLAN1	172.17.1.1
Fa0/1.10	VLAN 10	172.17.10.1/24
Fa0/1.20	VLAN 20	172.17.20.1/24
Fa0/1.30	VLAN 30	172.17.30.1/24
Fa0/1.99	VLAN 40	172.17.99.1/24

2. 学习目标

① 根据拓扑图进行网络布线，清除交换机和路由器配置并将其重新加载到默认状态；

② 在交换 LAN 和路由器上执行基本配置任务，在所有交换机上配置 VLAN 和 VLAN 中继协议（VTP）；

③ 演示并说明创建 VLAN 对第 3 层边界的影响，配置路由器的快速以太网接口，使之支持 IEEE 802.1q 中继；

④ 根据所配置的 VLAN 为路由器配置子接口，演示并说明 VLAN 间路由。

3. 操作过程

任务 1：准备网络

→ 步骤 1——根据图 4-4 所示完成网络电缆连接。

本试验中显示的输出基于 2960 交换机和 1841 路由器，您可使用实验室中现有的、具有拓扑图中所示接口的交换机或路由器，其他型号的设备可能会产生不同的输出。请注意：路由器上的以太网（10 Mbps）LAN 接口不支持中继，并且低于 12.3 版的 Cisco IOS 软件版本可能不支持路由器快速以太网接口上的中继。

建立连接到所有 3 台交换机和路由器的控制台连接。

→ 步骤 2——清除交换机的所有配置。

清除 NVRAM，删除 vlan.dat 文件并重新加载交换机。如有需要，请参阅 3.1 节了解相关步骤。重新加载完成后，使用 show vlan 命令来确认只存在默认 VLAN，并且所有端口都已分配给 VLAN 1。

```
S1#show vlan
```

→ 步骤 3——使用 shutdown 命令禁用所有端口。

通过禁用所有端口来确保交换机端口初始状态为非活动状态。使用 interface range 命令可简化此任务。

```
S1(config)#interface range fa0/1-24
S1(config-if-range)#shutdown
S1(config-if-range)#interface range gi0/1-2
S1(config-if-range)#shutdown
S2(config)#interface range fa0/1-24
S2(config-if-range)#shutdown
S2(config-if-range)#interface range gi0/1-2
S2(config-if-range)#shutdown
S3(config)#interface range fa0/1-24
S3(config-if-range)#shutdown
S3(config-if-range)#interface range gi0/1-2
S3(config-if-range)#shutdown
```

→ 步骤 4——以接入模式重新启用 S2 上的活动用户端口。

```
S2(config)#interface fa0/6
S2(config-if)#switchport mode access
S2(config-if)#no shutdown
S2(config-if)#interface fa0/11
S2(config-if)#switchport mode access
S2(config-if)#no shutdown
S2(config-if)#interface fa0/18
S2(config-if)#switchport mode access
S2(config-if)#no shutdown
```

任务 2：执行基本交换机配置

根据地址表和以下指导原则配置交换机 S1、S2 和 S3。
- 配置交换机主机名；
- 禁用 DNS 查找；
- 将使能加密口令配置为 class；
- 为控制台连接配置口令 cisco；
- 为 vty 连接配置口令 cisco；
- 在每台交换机上配置默认网关。

S1 的输出如下：

```
Switch>enable
Switch#configure terminal
Enter configuration commands, one per line.  End with CNTL/Z.
Switch(config)#hostname S1
S1(config)#enable secret class
S1(config)#no ip domain-lookup
S1(config)#ip default-gateway 172.17.99.1
S1(config)#line console 0
S1(config-line)#password cisco
S1(config-line)#login
S1(config-line)#line vty 0 15
S1(config-line)#password cisco
S1(config-line)#login
S1(config-line)#end
%SYS-5-CONFIG_I: Configured from console by console
S1#copy running-config startup-config
Destination filename [startup-config]? [enter]
Building configuration...
```

任务 3：配置主机 PC 上的以太网接口

使用地址表中的 IP 地址配置 PC1、PC2、PC3 和远程 TFTP/Web 服务器的以太网接口。

任务 4：在交换机上配置 VTP

→ 步骤 1——按照相关表在 3 台交换机上配置 VTP。请记住：VTP 域名和口令区分大小写。

```
交换机名称   VTP 工作模式   VTP 域   VTP 口令
S1 Server Lab6 cisco
S2 Client Lab6 cisco
S3 Client Lab6 cisco
S1:
S1(config)#vtp mode server
Device mode already VTP SERVER.
S1(config)#vtp domain Lab6
Changing VTP domain name from NULL to Lab6
S1(config)#vtp password cisco
Setting device VLAN database password to cisco
S1(config)#end
```

S2:
```
S2(config)#vtp mode client
Setting device to VTP CLIENT mode
S2(config)#vtp domain Lab6
Changing VTP domain name from NULL to Lab6
S2(config)#vtp password cisco
Setting device VLAN database password to cisco
S2(config)#end
```

S3:
```
S3(config)#vtp mode client
Setting device to VTP CLIENT mode
S3(config)#vtp domain Lab6
Changing VTP domain name from NULL to Lab6
S3(config)#vtp password cisco
Setting device VLAN database password to cisco
S3(config)#end
```

→ 步骤 2——配置中继端口并为中继指定本征 VLAN。

将 Fa0/1 至 Fa0/5 配置为中继端口，并指定 VLAN 99 作为这些中继的本征 VLAN。在全局配置模式下使用 interface-range 命令来简化此项任务。

```
S1(config)#interface range fa0/1-4
S1(config-if-range)#switchport mode trunk
S1(config-if-range)#switchport trunk native vlan 99
S1(config-if-range)#no shutdown
S1(config-if-range)#end
S2(config)# interface range fa0/1-4
S2(config-if-range)#switchport mode trunk
S2(config-if-range)#switchport trunk native vlan 99
S2(config-if-range)#no shutdown
S2(config-if-range)#end
S3(config)# interface range fa0/1-4
S3(config-if-range)#switchport mode trunk
S3(config-if-range)#switchport trunk native vlan 99
S3(config-if-range)#no shutdown
S3(config-if-range)#end
```

→ 步骤3——在VTP服务器上配置VLAN。

在VTP服务器上配置以下VLAN：

    VLAN   VLAN 名称
    VLAN 99   management
    VLAN 10   faculty-staff
    VLAN 20   students
    VLAN 30   guest

```
S1(config)#vlan 99
S1(config-vlan)#name management
S1(config-vlan)#exit
S1(config)#vlan 10
S1(config-vlan)#name faculty-staff
S1(config-vlan)#exit
S1(config)#vlan 20
S1(config-vlan)#name students
S1(config-vlan)#exit
S1(config)#vlan 30
S1(config-vlan)#name guest
S1(config-vlan)#exit
```

使用show vlan brief命令检验S1上是否创建了这些VLAN。

→ 步骤4——检验S1上创建的VLAN是否已部署到S2和S3。

在S2和S3上使用show vlan brief命令，检查是否4个VLAN都已部署到客户端交换机上。

```
S2#show vlan brief
```

→ 步骤5——在所有3台交换机上配置管理接口地址。

```
S1(config)#interface vlan 99
S1(config-if)#ip address 172.17.99.11 255.255.255.0
S1(config-if)#no shutdown
S2(config)#interface vlan 99
S2(config-if)#ip address 172.17.99.12 255.255.255.0
S2(config-if)#no shutdown
S3(config)#interface vlan 99
S3(config-if)#ip address 172.17.99.13 255.255.255.0
S3(config-if)#no shutdown
```

在交换机之间执行ping操作，检查这些交换机是否都已正确配置。从S1上ping S2和S3的管理接口，从S2上ping S3的管理接口。

ping是否成功？若不成功，则排除交换机配置故障，然后重试。

→ 步骤 6——在 S2 上为 VLAN 分配交换机端口。

请参阅本实验开头的端口分配表，在 S2 上为 VLAN 分配端口。

```
S2(config)#interface range fa0/5-10
S2(config-if-range)#switchport access vlan 30
S2(config-if-range)#interface range fa0/11-17
S2(config-if-range)#switchport access vlan 10
S2(config-if-range)#interface range fa0/18-24
S2(config-if-range)#switchport access vlan 20
S2(config-if-range)#end
S2#copy running-config startup-config
Destination filename [startup-config]? [enter]
Building configuration...
[OK]
```

→ 步骤 7——检查 VLAN 之间的连通性。

在连接到 S2 的 3 台主机上打开命令窗口。从 PC1 上（172.17.10.21）ping PC2（172.17.20.22），从 PC2 上 ping PC3（172.17.30.23）。

ping 是否成功？如果不成功，请说明 ping 操作失败的原因。

任务 5：配置路由器和远程服务器 LAN

→ 步骤 1——清除路由器上的配置并重新加载。

```
Router#erase nvram:
Erasing the nvram filesystem will remove all configuration files! Continue?
[confirm]
Erase of nvram: complete
Router#reload
System configuration has been modified. Save? [yes/no]: no
```

→ 步骤 2——对路由器执行基本配置。

- 将路由器的主机名配置为 R1。
- 禁用 DNS 查找。
- 将执行模式口令配置为 cisco。
- 为控制台连接配置口令 cisco。
- 为 vty 连接配置口令 cisco。

→ 步骤 3——在 R1 上配置中继接口。

从前面的步骤可以看出，要连接各个 VLAN 需要在网络层上进行路由，这与任意两个远程网络之间的连接非常相似。配置 VLAN 间路由有多种方法，如下所述。

第一种是较为原始的方法，此方法将第 3 层设备（路由器或第 3 层交换机）通过多条链路连接到 LAN 交换机——每个需要 VLAN 间连通性的 VLAN 具有一条单独的连接。第 3 层设备使用的每个交换机端口都在交换机上配置为属于不同的 VLAN。为第 3 层设备上的接口分配 IP 地址之后，路由表便具有到达所有 VLAN 的直连路由，从而可以进行 VLAN 间路由。此方法的局限性在于路由器上的快速以太网端口不足、第 3 层交换机和路由器上的端口未充分利用，以及布线和手动配置过多。本实验所用的拓扑不采用该方法。

另一种办法是在第 3 层设备（路由器）和分布层交换机之间创建一条或多条快速以太网连接，并将这些连接配置为 dot1q 中继。这样便可通过一条中继在路由设备之间传输所有 VLAN 间流量。但是，这需要为第 3 层接口配置多个 IP 地址。为此，我们可以在路由器的其中一个快速以太网端口上创建"虚拟"接口（称为子接口），并将这些接口配置为使用 dot1q。

使用子接口配置方法需要以下步骤：

- 进入子接口配置模式。
- 建立中继封装。
- 将 VLAN 与子接口关联起来。
- 为子接口分配一个 VLAN 中的 IP 地址。

相关的命令如下：

```
R1(config)#interface fastethernet 0/1
R1(config-if)#no shutdown
R1(config-if)#interface fastethernet 0/1.1
R1(config-subif)#encapsulation dot1q 1
R1(config-subif)#ip address 172.17.1.1 255.255.255.0
R1(config-if)#interface fastethernet 0/1.10
R1(config-subif)#encapsulation dot1q 10
R1(config-subif)#ip address 172.17.10.1 255.255.255.0
R1(config-if)#interface fastethernet 0/1.20
R1(config-subif)#encapsulation dot1q 20
R1(config-subif)#ip address 172.17.20.1 255.255.255.0
R1(config-if)#interface fastethernet 0/1.30
R1(config-subif)#encapsulation dot1q 30
R1(config-subif)#ip address 172.17.30.1 255.255.255.0
R1(config-if)#interface fastethernet 0/1.99
R1(config-subif)#encapsulation dot1q 99 native
R1(config-subif)#ip address 172.17.99.1 255.255.255.0
```

在此配置中，请注意以下几点：

- 物理接口需要使用 no shutdown 命令启用，因为路由器接口默认为关闭。虚拟接口默认为启用。
- 子接口可以使用任何以 32 位表示数字，但最好如上例所示将 VLAN 编号指定为接

- 为与交换机一致，第 3 层设备上也要指定本征 VLAN，否则，VLAN 1 将默认成为本征 VLAN，造成路由器与交换机的管理 VLAN 无法通信。

→ 步骤 4——在 R1 上配置服务器 LAN 接口。

```
R1(config)# interface FastEthernet0/0
R1(config-if)#ip address 172.17.50.1 255.255.255.0
R1(config-if)#description server interface
R1(config-if)#no shutdown
R1(config-if)#end
```

目前共配置了 6 个网络，检查 R1 上的路由表，确认您可以将数据包路由到所有 6 个网络。

```
R1#show ip route
<省略部分输出>
Gateway of last resort is not set
     172.17.0.0/24 is subnetted, 6 subnets
C       172.17.50.0 is directly connected, FastEthernet0/1
C       172.17.30.0 is directly connected, FastEthernet0/0.30
C       172.17.20.0 is directly connected, FastEthernet0/0.20
C       172.17.10.0 is directly connected, FastEthernet0/0.10
C       172.17.1.0 is directly connected, FastEthernet0/0.1
C       172.17.99.0 is directly connected, FastEthernet0/0.99
```

如果路由表没有显示所有 6 个网络，那么在继续操作之前请先找出配置问题并解决。

→ 步骤 5——检验 VLAN 间路由。

检验您是否能从 PC1 上 ping 通远程服务器（172.17.50.254）和其他两台主机（172.17.20.22 和 172.17.30.23）。可能要进行多次 ping 操作，才能建立起端到端路径。

ping 是否成功？如果不成功，请排除配置故障。检查以确保所有 PC 和所有交换机都已配置默认网关。如果有主机进入休眠状态，那所连接的端口可能会断开。

任务 6：思考题

在任务 5 中，建议在路由器 Fa0/0.99 接口配置中将 VLAN99 配置为本征 VLAN。如果本征 VLAN 保持默认配置，为什么来自路由器或主机的数据包在尝试到达交换机管理接口时会失败？

任务 7：课后清理

删除配置，然后重新启动交换机。拆下电缆并放回保存处。对于通常连接到其他网络（例如，学校的 LAN 或 Internet）的 PC 主机，请重新连接相应的电缆并恢复原有的 TCP/IP 设置。

4.5 本章小结

本章主要让读者学会根据拓扑图进行网络布线，删除交换机启动配置并将其重新加载到默认状态，执行交换机上的基本配置任务，创建 VLAN，分配交换机端口到 VLAN，添加、移动和更改端口，检验 VLAN 配置，对交换机间连接启用中继，检验中继配置，保存 VLAN 配置。在所有交换机上配置 VLAN 中继协议（VTP），对交换机间连接启用中继，检验中继配置，修改 VTP 模式并观察产生的影响，在 VTP 服务器上创建 VLAN，为 VLAN 分配交换机端口并且保存 VLAN 配置。在网络上启用 VTP 修剪功能，说明修剪功能如何减少 LAN 中不必要的广播流量，配置路由器的快速以太网接口，使之支持 IEEE 802.1q 中继，根据所配置的 VLAN 为路由器配置子接口等相关内容，当然，网络交换的内容还有很多需要大家在以后的学习当中不断探索。

思考与练习

① 描述分层网络模型的三层结构。

② 如图 4-5 和图 4-6 所示，图 4-5 中显示了已收敛的 VTP 域。在图 4-6 中，交换机 S4 通过中继线路连接到交换机 S3。根据交换机 S4 的 VTP 信息，在添加交换机 S4 后 VTP 重新达到收敛，从中可以得出哪些结论？

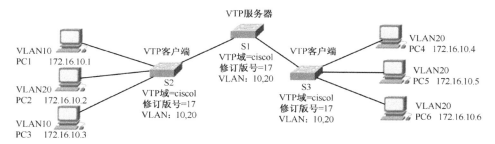

图 4-5 已收敛的 VTP 域

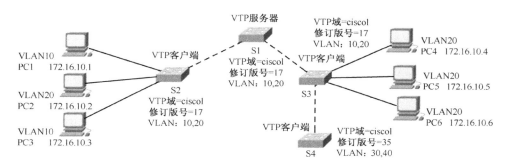

图 4-6 交换机 S4 通过中继线路与交换机 S3 相连

③ 如图 4-7 所示，可能导致 PC1 和 PC2 无法送信的一些原因是什么？

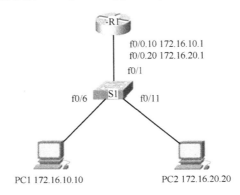

图 4-7　PC1 和 PC2 之间的连接拓扑

④ 叙述使用三层交换机和路由器实现 VLAN 间路由的原理和方法。
⑤ 叙述 VTP 的 3 种模式及作用。
⑥ 叙述交换机的工作原理。

第 5 章 >>>

广域网（WAN）

本章要点

- 广域网连接
- 访问控制列表（ACL）
- 网络地址转换（NAT）

企业在引进 WAN 接入时需考虑网络连接时的方案以及网络连接设备因素。因此，本章着重利用实验方法介绍 WAN 的连接和选择合适的电信网络服务技术。

5.1 广域网连接

广域网（Wide Area Network，WAN）是运行地域超过局域网的数据通信网络，广域网通常使用电信运营商提供的数据链路在广域范围上访问网络。常见的广域网链路类型有专线（HDLC、PPP 和 SLIP）、包交换（X.25、帧中继和 ATM）和电路交换（ISDN 和 PSTN）。本节将利用 Packet Tracer 软件，完成 PPP 类型和帧中继类型的广域网连接。

5.1.1 广域网技术

1. WAN 物理层

WAN 和 LAN 之间的主要区别之一是公司或组织必须向外部 WAN 服务提供商订购服务才能使用 WAN 电信网络服务。WAN 使用电信服务商提供的数据链路接入 Internet 并将某个组织的各个场所连接在一起，或者将某个组织的场所连接到其他组织的场所、外部服务以及远程用户。WAN 接入物理层描述公司网络和服务提供商网络之间的物理连接。

2. WAN 数据链路层

数据链路层协议定义如何封装传向远程站点的数据以及最终数据帧的传输机制。采用的技术有很多种，例如，ISDN、帧中继或 ATM。这些协议当中有一些使用同样的基本组帧方法，即 HDLC 或其子集或变体，HDLC 是一项 ISO 标准。ATM 与其他技术不同，因为与其他分组交换技术使用变长数据包不同的是，ATM 使用的信元长度较短，且固定为 53 字节（其中 48 字节用于数据）。最常用的 WAN 数据链路协议有 HDLC、PPP、帧中继和 ATM。

3. WAN 封装

从网络层发出的数据会先传到数据链路层，然后通过物理链路传输，这种传输在 WAN 连接上通常是点对点进行的。数据链路层会根据网络层数据构造数据帧，以便可以对数据进行必要的校验和控制。所有 WAN 连接都使用第 2 层协议对在 WAN 链路上传输的数据包进行封装。为确保使用正确的封装协议，必须为每个路由器的串行接口配置所用的第 2 层封装类型。封装协议的选择取决于 WAN 技术和设备。

5.1.2 广域网交换

1. 电路交换

电路交换网络是指用户在通信之前在节点和终端之间先建立专用电路（或信道）的网络。

2. 分组交换

与电路交换相反，分组交换将流量数据分割成数据包，在共享网络上路由。分组交换网络不需要建立电路，它们允许许多节点对通过同一信道通信。

分组交换网络中的交换机根据每个数据包中的寻址信息确定必须在哪条链路上发送数据包。决定链路的方法有两种：无连接或面向连接。

无连接系统（例如，Internet）的每个数据包中都需要携带完整的寻址信息，每台交换机都必须计算地址来确定将数据包发到何处。

面向连接的系统则预先确定数据包的路径，每个数据包只需携带标识符。在帧中继中，这些标识符叫作数据链路连接标识符（DLCI）。交换机通过查询内存驻留表中的标识符确定前向路由。表中的各项确定通过该系统的特定路由或电路。如果电路只有在数据包流经时才实际存在，则此电路叫作虚电路（VC）。

3. 虚电路

分组交换网络会通过交换机建立实现特定端对端连接的路由，这些路由叫作虚电路。VC 是在共享网络内部两个网络设备之间建立的逻辑电路。有以下两种 VC：

- 永久虚电路（PVC）——永久建立的虚电路，它只有数据传输一种模式，PVC 用于设备之间需要持续传输数据的情形。
- 交换虚电路（SVC）——按需动态建立并在传输完成时终止 VC。通过 SVC 通信包含三个阶段：建立电路、数据传输和终止电路。

5.1.3 WAN 链路解决方案

WAN 解决方案的实施有许多方案，各种方案之间存在技术、速度和成本方面的差异。

1. 私有 WAN 连接方案

私有 WAN 连接包括专用通信链路和交换通信链路两种方案。

（1）专用通信链路

当需要建立永久专用连接时，可以使用点对点线路，其带宽受到底层物理设施的限制，同时也取决于用户购买这些专用线路的意愿。点对点链路通过提供商网络预先建立从客户驻地到远程目的位置的 WAN 通信路径。点对点线路通常向运营商租用，因此也叫作租用线路。

（2）交换通信链路

交换通信链路可以是电路交换或分组交换。
- 电路交换通信链路：电路交换动态建立专用虚拟连接，以便在主发送方和接收方之间进行语音或数据通信。
- 分组交换通信链路：由于数据流的波动性，许多 WAN 用户并未有效地利用专用、交换或永久电路提供的固定带宽。在分组交换网络中，数据是封装在标记帧、信元或数据包中进行传输的。分组交换通信链路包括帧中继、ATM、X.25 和城域以太网。

2. 公共 WAN 连接方案

公共连接使用全球 Internet 基础架构，对许多企业来说，Internet 都不是可行的网络方案，因为端对端的 Internet 连接存在严重的安全风险。由于 VPN 技术的诞生，Internet 已成为连接远程工作人员和远程办公室的经济又安全的方案。Internet WAN 连接链路通过宽带服务（例如，DSL、电缆调制解调器和无线宽带）提供网络连接，同时利用 VPN 技术确保 Internet 传输的隐私性。

5.1.4　实例 1——PPP 配置

1. 实例简介

利用 Packet Tracer 软件使用图 5-1 中所示的网络，学习如何在串行链路上配置 PPP 封装，并配置 PPP PAP 身份验证和 PPP CHAP 身份验证。连接拓扑和地址表如图 5-1 和表 5-1 所示。

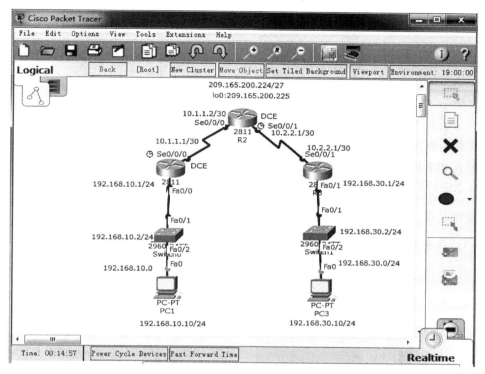

图 5-1 广域网连接拓扑

表 5-1 广域网连接 IP 地址表

设备	接口	IP 地址	IP 地址	默认网关
R1	F0/1	192.168.10.1	255.255.255.0	不适用
	S0/0/0	10.1.1.1	255.255.255.252	不适用
R2	Lo0	209.165.200.225	255.255.255.224	不适用
	S0/0/0	10.1.1.2	255.255.255.252	不适用
	S0/0/1	10.2.2.1	255.255.255.252	不适用
R3	F0/1	192.168.30.1	255.255.255.0	不适用
	S0/0/1	10.2.2.2	255.255.255.252	不适用
PC1	网卡	192.168.10.10	255.255.255.0	192.168.10.1
PC2	网卡	192.168.30.10	255.255.255.0	192.168.30.1

2. 学习目标

① 根据拓扑图完成网络电缆连接；
② 清除路由器启动配置并将其重新启动，使其恢复默认状态；

③ 在路由器上执行基本配置任务；
④ 配置并激活接口；
⑤ 在所有路由器上配置 OSPF 路由；
⑥ 在所有串行接口上配置 PPP 封装；
⑦ 了解 debug ppp negotiation 命令和 debug ppp packet 命令；
⑧ 学习如何将串行接口上的封装由 PPP 改为 HDLC；
⑨ 有意中断然后恢复 PPP 封装；
⑩ 配置 PPP PAP 和 CHAP 身份验证；
⑪ 有意中断然后恢复 PPP PAP 和 CHAP 身份验证。

3．操作过程

任务 1：准备网络

按照图 5-1 所示在 Packet Tracer 中选择合适设备和线缆，连接网络设备，构建拓扑图。

任务 2：执行基本路由器配置

根据以下说明配置路由器 R1、R2 和 R3：
- 配置路由器主机名。
- 禁用 DNS 查找。
- 配置执行模式口令。
- 配置当日消息标语。
- 为控制台连接配置口令。
- 配置同步输出。
- 为 vty 连接配置口令。

任务 3：配置并激活串行地址和以太网地址

→ 步骤 1——在 R1、R2 和 R3 上配置接口。

使用表 5-1 中的 IP 地址在路由器 R1、R2 和 R3 上配置接口。确保将串行 DCE 接口的时钟频率配置包含在内。

→ 步骤 2——检验 IP 地址和接口。

使用 show ip interface brief 命令检验 IP 地址配置是否正确并且接口是否处于活动状态。

检查完成后，确保将运行配置保存到路由器的 NVRAM 中。

→ 步骤 3——配置 PC1 和 PC3 的以太网接口。

使用地址表中的 IP 地址和默认网关配置 PC1 和 PC3 的以太网接口。

→ 步骤 4——通过在 PC 上 ping 默认网关测试其配置。

任务 4：在路由器上配置 OSPF

→ 步骤 1——在 R1、R2 和 R3 上启用 OSPF 路由。

使用 router ospf 命令并以 1 作为进程 ID。务必记住通告网络。

```
R1(config)#router ospf 1
R1(config-router)#network 192.168.10.0 0.0.0.255 area 0
R1(config-router)#network 10.1.1.0 0.0.0.3 area 0
*Aug 17 17:49:14.689: %OSPF-5-ADJCHG: Process 1, Nbr 209.165.200.225 on
Serial0/0/0 from LOADING to FULL, Loading Done
R1(config-router)#
R2(config)#router ospf 1
R2(config-router)#network 10.1.1.0 0.0.0.3 area 0
*Aug 17 17:48:40.645: %OSPF-5-ADJCHG: Process 1, Nbr 192.168.10.1 on
Serial0/0/0 from LOADING to FULL, Loading Done
R2(config-router)#network 10.2.2.0 0.0.0.3 area 0
R2(config-router)#network 209.165.200.224 0.0.0.31 area 0
R2(config-router)#
*Aug 17 17:57:44.729: %OSPF-5-ADJCHG: Process 1, Nbr 192.168.30.1 on
Serial0/0/1 from LOADING to FULL, Loading Done
R2(config-router)#
R3(config)#router ospf 1
R3(config-router)#network 10.2.2.0 0.0.0.3 area 0
*Aug 17 17:58:02.017: %OSPF-5-ADJCHG: Process 1, Nbr 209.165.200.225 on
Serial0/0/1 from LOADING to FULL, Loading Done
R3(config-router)#network 192.168.30.0 0.0.0.255 area 0
R3(config-router)#
```

→ 步骤 2——检查网络是否完全连通。

使用 show ip route 命令和 ping 命令检验连通性。

```
R1#show ip route
<省略部分输出>
O    192.168.30.0/24 [110/1563] via 10.1.1.2, 00:33:56, Serial0/0/0
C    192.168.10.0/24 is directly connected, FastEthernet0/1
     209.165.200.0/32 is subnetted, 1 subnets
O    209.165.200.225 [110/782] via 10.1.1.2, 00:33:56, Serial0/0/0
     10.0.0.0/8 is variably subnetted, 3 subnets, 2 masks
C    10.1.1.2/32 is directly connected, Serial0/0/0
```

```
O       10.2.2.0/30 [110/1562] via 10.1.1.2, 00:33:56, Serial0/0/0
C       10.1.1.0/30 is directly connected, Serial0/0/0
R1#ping 192.168.30.1
```

在 R2 和 R3 上采用的配置方法同上。

```
R2#show ip route <省略输出>
R3#show ip route <省略输出>
```

任务 5：在串行接口上配置 PPP 封装

→ 步骤 1——使用 show interface 命令检查 HDLC 是否默认串行封装。

```
R1#show interface serial0/0/0
Serial0/0/0 is up, line protocol is up
  Hardware is GT96K Serial
  Internet address is 10.1.1.1/30
  MTU 1500 bytes, BW 128 Kbit, DLY 20000 usec,
  reliability 255/255, txload 1/255, rxload 1/255
  Encapsulation HDLC, loopback not set
<省略部分输出>
R2#show interface serial 0/0/0    <省略输出>
R2#show interface serial 0/0/1    <省略输出>
R3#show interface serial 0/0/1    <省略输出>
```

→ 步骤 2——在 R1 和上 R2 使用 debug 命令观察配置 PPP 的后果。

```
R1#debug ppp negotiation
PPP protocol negotiation debugging is on
R1#debug ppp packet
PPP packet display debugging is on
R1#
R2#debug ppp negotiation
PPP protocol negotiation debugging is on
R2#debug ppp packet
PPP packet display debugging is on
R2#
```

→ 步骤 3——将串行接口的封装由 HDLC 改为 PPP。

更改 R1 和 R2 间链路上的封装类型，然后观察其后果。如果接收的调试数据变得过多，请使用 undebug all 命令关闭调试过程。

```
R1(config)#interface serial 0/0/0
R1(config-if)#encapsulation ppp
R1(config-if)#
```

```
*Aug 17 19:02:53.412: %OSPF-5-ADJCHG: Process 1, Nbr 209.165.200.225 on
Serial0/0/0 from FULL to DOWN, Neighbor Down: Interface down or
detached
R1(config-if)#
*Aug 17 19:02:53.416: Se0/0/0 PPP: Phase is DOWN, Setup
*Aug 17 19:02:53.416: Se0/0/0 PPP: Using default call direction
*Aug 17 19:02:53.416: Se0/0/0 PPP: Treating connection as a dedicated
line
*Aug 17 19:02:53.416: Se0/0/0 PPP: Session handle[E4000001] Session
id[0]
*Aug 17 19:02:53.416: Se0/0/0 PPP: Phase is ESTABLISHING, Active Open
*Aug 17 19:02:53.424: Se0/0/0 LCP: O CONFREQ [Closed] id 1 len 10
*Aug 17 19:02:53.424: Se0/0/0 LCP:    MagicNumber 0x63B994DE
(0x050663B994DE)
R1(config-if)#
*Aug 17 19:02:55.412: Se0/0/0 PPP: Outbound cdp packet dropped
*Aug 17 19:02:55.432: Se0/0/0 LCP: TIMEout: State REQsent
*Aug 17 19:02:55.432: Se0/0/0 LCP: O CONFREQ [REQsent] id 2 len 10
*Aug 17 19:02:55.432: Se0/0/0 LCP:    MagicNumber 0x63B994DE
(0x050663B994DE)
*Aug 17 19:02:56.024: Se0/0/0 PPP: I pkt type 0x008F, datagramsize 24
link[illegal]
*Aug 17 19:02:56.024: Se0/0/0 UNKNOWN(0x008F): Non-NCP packet,
discarding
R1(config-if)#
*Aug 17 19:02:57.252: Se0/0/0 PPP: I pkt type 0x000F, datagramsize 84
link[illegal]
*Aug 17 19:02:57.252: Se0/0/0 UNKNOWN(0x000F): Non-NCP packet,
discarding
*Aug 17 19:02:57.448: Se0/0/0 LCP: TIMEout: State REQsent
*Aug 17 19:02:57.448: Se0/0/0 LCP: O CONFREQ [REQsent] id 3 len 10
*Aug 17 19:02:57.448: Se0/0/0 LCP:    MagicNumber 0x63B994DE
(0x050663B994DE)
R1(config-if)#
*Aug 17 19:02:58.412: %LINEPROTO-5-UPDOWN: Line protocol on Interface
Serial0/0/0, changed state to down
  R2(config)#interface serial 0/0/0
<省略输出>
```

→ 步骤 4——关闭调试过程。

如果尚未使用 undebug all 命令，请用其关闭调试过程。

```
R1#undebug all
Port Statistics for unclassified packets is not turned on.
All possible debugging has been turned off
R1#
R2#undebug all
Port Statistics for unclassified packets is not turned on.
All possible debugging has been turned off
R2#
```

→ 步骤 5——将 R2 和 R3 间串行链路两端的封装均由 HDLC 改为 PPP。

```
R2(config)#interface serial0/0/1
R2(config-if)#encapsulation ppp
R2(config-if)#
*Aug 17 20:02:08.080: %OSPF-5-ADJCHG: Process 1, Nbr 192.168.30.1 on
Serial0/0/1 from FULL to DOWN, Neighbor Down: Interface down or
detached
R2(config-if)#
*Aug 17 20:02:13.080: %LINEPROTO-5-UPDOWN: Line protocol on Interface
Serial0/0/1, changed state to down
R2(config-if)#
*Aug 17 20:02:58.564: %LINEPROTO-5-UPDOWN: Line protocol on Interface
Serial0/0/1, changed state to up
R2(config-if)#
*Aug 17 20:03:03.644: %OSPF-5-ADJCHG: Process 1, Nbr 192.168.30.1 on
Serial0/0/1 from LOADING to FULL, Loading Done
R2(config-if)#
*Aug 17 20:03:46.988: %LINEPROTO-5-UPDOWN: Line protocol on Interface
Serial0/0/1, changed state to down
R3(config)#interface serial 0/0/1
R3(config-if)#encapsulation ppp
R3(config-if)#
*Aug 17 20:04:27.152: %LINEPROTO-5-UPDOWN: Line protocol on Interface
Serial0/0/1, changed state to up
*Aug 17 20:04:30.952: %OSPF-5-ADJCHG: Process 1, Nbr 209.165.200.225 on
Serial0/0/1 from LOADING to FULL, Loading Done
```

→ 步骤 6——检查 PPP 现在是否是串行接口上的封装类型。

```
R1#show interface serial0/0/0
Serial0/0/0 is up, line protocol is up
    Hardware is GT96K Serial
    Internet address is 10.1.1.1/30
    MTU 1500 bytes, BW 128 Kbit, DLY 20000 usec,
        reliability 255/255, txload 1/255, rxload 1/255
    Encapsulation PPP, LCP Open
    Open: CDPCP, IPCP, loopback not set
<省略部分输出>
R2#show interface serial 0/0/0 <省略输出>
R2#show interface serial 0/0/1 <省略输出>
R3#show interface serial 0/0/1 <省略输出>
```

任务 6：中断然后恢复 PPP 封装

通过有意中断 PPP 封装，您可以了解生成的错误消息，这将有助于您完成稍后的故障排除实验。将 R2 的两个串行接口恢复为其默认的 HDLC 封装。

```
R2(config)#interface serial 0/0/0
R2(config-if)#encapsulation hdlc
R2(config-if)#
*Aug 17 20:36:48.432: %OSPF-5-ADJCHG: Process 1, Nbr 192.168.10.1 on
Serial0/0/0 from FULL to DOWN, Neighbor Down: Interface down or
detached
*Aug 17 20:36:49.432: %LINEPROTO-5-UPDOWN: Line protocol on Interface
Serial0/0/0, changed state to down
R2(config-if)#
*Aug 17 20:36:51.432: %LINEPROTO-5-UPDOWN: Line protocol on Interface
Serial0/0/0, changed state to up
R2(config-if)#interface serial 0/0/1
*Aug 17 20:37:14.080: %LINEPROTO-5-UPDOWN: Line protocol on Interface
Serial0/0/0, changed state to down
R2(config-if)#encapsulation hdlc
R2(config-if)#
*Aug 17 20:37:17.368: %OSPF-5-ADJCHG: Process 1, Nbr 192.168.30.1 on
Serial0/0/1 from FULL to DOWN, Neighbor Down: Interface down or
detached
*Aug 17 20:37:18.368: %LINEPROTO-5-UPDOWN: Line protocol on Interface
```

Serial0/0/1, changed state to down
R2(config-if)#
*Aug 17 20:37:20.368: %LINEPROTO-5-UPDOWN: Line protocol on Interface Serial0/0/1, changed state to up
R2(config-if)#
*Aug 17 20:37:44.080: %LINEPROTO-5-UPDOWN: Line protocol on Interface Serial0/0/1, changed state to down
R2(config-if)#
R2(config)#interface s0/0/0
R2(config-if)#encapsulation ppp
*Aug 17 20:53:06.612: %LINEPROTO-5-UPDOWN: Line protocol on Interface Serial0/0/0, changed state to up
R2(config-if)#interface s0/0/1
*Aug 17 20:53:10.856: %OSPF-5-ADJCHG: Process 1, Nbr 192.168.10.1 on Serial0/0/0 from LOADING to FULL, Loading Done
R2(config-if)#encapsulation ppp
*Aug 17 20:53:23.332: %LINEPROTO-5-UPDOWN: Line protocol on Interface Serial0/0/1, changed state to up
R2(config-if)#
*Aug 17 20:53:24.916: %OSPF-5-ADJCHG: Process 1, Nbr 192.168.30.1 on Serial0/0/1 from LOADING to FULL, Loading Done
R2(config-if)#

任务 7：配置 PPP 身份验证

→ 步骤 1——在 R1 和 R2 间的串行链路上配置 PPP PAP 身份验证。

R1(config)#username R1 password cisco
R1(config)#int s0/0/0
R1(config-if)#ppp authentication pap
R1(config-if)#
*Aug 22 18:58:57.367: %LINEPROTO-5-UPDOWN: Line protocol on Interface Serial0/0/0, changed state to down
R1(config-if)#
*Aug 22 18:58:58.423: %OSPF-5-ADJCHG: Process 1, Nbr 209.165.200.225 on Serial0/0/0 from FULL to DOWN, Neighbor Down: Interface down or detached
R1(config-if)#ppp pap sent-username R2 password cisco
R2(config)#username R2 password cisco
R2(config)#interface Serial0/0/0

```
R2(config-if)#ppp authentication pap
R2(config-if)#ppp pap sent-username R1 password cisco
R2(config-if)#
*Aug 23 16:30:33.771: %LINEPROTO-5-UPDOWN: Line protocol on Interface
Serial0/0/0, changed state to up
R2(config-if)#
*Aug 23 16:30:40.815: %OSPF-5-ADJCHG: Process 1, Nbr 192.168.10.1 on
Serial0/0/0 from LOADING to FULL, Loading Done
R2(config-if)#
```

→ 步骤 2——在 R2 和 R3 间的串行链路上配置 PPP CHAP 身份验证。

当采用 PAP 身份验证时，口令不加密。虽然这要比完全没有身份验证要强，但较之对链路上传送的口令加密而言，却仍稍逊一筹。CHAP 验证则会对口令加密。

```
R2(config)#username R3 password cisco
R2(config)#int s0/0/1
R2(config-if)#ppp authentication chap
R2(config-if)#
*Aug 23 18:06:00.935: %LINEPROTO-5-UPDOWN: Line protocol on Interface
Serial0/0/1, changed state to down
R2(config-if)#
*Aug 23 18:06:01.947: %OSPF-5-ADJCHG: Process 1, Nbr 192.168.30.1 on
Serial0/0/1 from FULL to DOWN, Neighbor Down: Interface down or
detached
R2(config-if)#
R3(config)#username R2 password cisco
*Aug 23 18:07:13.074: %LINEPROTO-5-UPDOWN: Line protocol on Interface
Serial0/0/1, changed state to up
R3(config)#int s0/0/1
R3(config-if)#
*Aug 23 18:07:22.174: %OSPF-5-ADJCHG: Process 1, Nbr 209.165.200.225 on
Serial0/0/1 from LOADING to FULL, Loading Done
R3(config-if)#ppp authentication chap
R3(config-if)#
```

→ 步骤 3——查看调试输出。

要加深对 CHAP 过程的了解，可查看 R2 和 R3 上的 debug ppp authentication 命令输出，然后，在 R2 上关闭接口 serial 0/0/1 并对 R2 的接口 serial 0/0/1 发出 no shutdown 命令。

```
R2#debug ppp authentication
PPP authentication debugging is on
```

```
R2#conf t
Enter configuration commands, one per line.    End with CNTL/Z.
R2(config)#int s0/0/1
R2(config-if)#shutdown
R2(config-if)#
*Aug 23 18:19:21.059: %OSPF-5-ADJCHG: Process 1, Nbr 192.168.30.1 on
Serial0/0/1 from FULL to DOWN, Neighbor Down: Interface down or
detached
R2(config-if)#
*Aug 23 18:19:23.059: %LINK-5-CHANGED: Interface Serial0/0/1, changed
state to administratively down
*Aug 23 18:19:24.059: %LINEPROTO-5-UPDOWN: Line protocol on Interface
Serial0/0/1, changed state to down
R2(config-if)#no shutdown
*Aug 23 18:19:55.059: Se0/0/1 PPP: Using default call direction
*Aug 23 18:19:55.059: Se0/0/1 PPP: Treating connection as a dedicated
line
*Aug 23 18:19:55.059: Se0/0/1 PPP: Session handle[5B000005] Session
id[49]
*Aug 23 18:19:55.059: Se0/0/1 PPP: Authorization required
*Aug 23 18:19:55.063: %LINK-3-UPDOWN: Interface Serial0/0/1, changed
state to up
*Aug 23 18:19:55.063: Se0/0/1 CHAP: O CHALLENGE id 48 len 23 from "R2"
*Aug 23 18:19:55.067: Se0/0/1 CHAP: I CHALLENGE id 2 len 23 from "R3"
*Aug 23 18:19:55.067: Se0/0/1 CHAP: Using hostname from unknown source
*Aug 23 18:19:55.067: Se0/0/1 CHAP: Using password from AAA
*Aug 23 18:19:55.067: Se0/0/1 CHAP: O RESPONSE id 2 len 23 from "R2"
*Aug 23 18:19:55.071: Se0/0/1 CHAP: I RESPONSE id 48 len 23 from "R3"
*Aug 23 18:19:55.071: Se0/0/1 PPP: Sent CHAP LOGIN Request
*Aug 23 18:19:55.071: Se0/0/1 PPP: Received LOGIN Response PASS
*Aug 23 18:19:55.071: Se0/0/1 PPP: Sent LCP AUTHOR Request
*Aug 23 18:19:55.075: Se0/0/1 PPP: Sent IPCP AUTHOR Request
*Aug 23 18:19:55.075: Se0/0/1 LCP: Received AAA AUTHOR Response PASS
*Aug 23 18:19:55.075: Se0/0/1 IPCP: Received AAA AUTHOR Response PASS
*Aug 23 18:19:55.075: Se0/0/1 CHAP: O SUCCESS id 48 len 4
*Aug 23 18:19:55.075: Se0/0/1 CHAP: I SUCCESS id 2 len 4
*Aug 23 18:19:55.075: Se0/0/1 PPP: Sent CDPCP AUTHOR Request
*Aug 23 18:19:55.075: Se0/0/1 CDPCP: Received AAA AUTHOR Response PASS
```

```
*Aug 23 18:19:55.079: Se0/0/1 PPP: Sent IPCP AUTHOR Request
*Aug 23 18:19:56.075: %LINEPROTO-5-UPDOWN: Line protocol on Interface
Serial0/0/1, changed state to up
R2(config-if)#
*Aug 23 18:20:05.135: %OSPF-5-ADJCHG: Process 1, Nbr 192.168.30.1 on
Serial0/0/1 from LOADING to FULL, Loading Done
R3#debug ppp authentication
PPP authentication debugging is on
R3#
*Aug 23 18:19:04.494: %LINK-3-UPDOWN: Interface Serial0/0/1, changed
state to down
R3#
*Aug 23 18:19:04.494: %OSPF-5-ADJCHG: Process 1, Nbr 209.165.200.225 on
Serial0/0/1 from FULL to DOWN, Neighbor Down: Interface down or
detached
*Aug 23 18:19:05.494: %LINEPROTO-5-UPDOWN: Line protocol on Interface
Serial0/0/1, changed state to down
R3#
*Aug 23 18:19:36.494: %LINK-3-UPDOWN: Interface Serial0/0/1, changed
state to up
*Aug 23 18:19:36.494: Se0/0/1 PPP: Using default call direction
*Aug 23 18:19:36.494: Se0/0/1 PPP: Treating connection as a dedicated
line
*Aug 23 18:19:36.494: Se0/0/1 PPP: Session handle[3C000034] Session
id[52]
*Aug 23 18:19:36.494: Se0/0/1 PPP: Authorization required
*Aug 23 18:19:36.498: Se0/0/1 CHAP: O CHALLENGE id 2 len 23 from "R3"
*Aug 23 18:19:36.502: Se0/0/1 CHAP: I CHALLENGE id 48 len 23 from "R2"
*Aug 23 18:19:36.502: Se0/0/1 CHAP: Using hostname from unknown source
*Aug 23 18:19:36.506: Se0/0/1 CHAP: Using password from AAA
*Aug 23 18:19:36.506: Se0/0/1 CHAP: O RESPONSE id 48 len 23 from "R3"
*Aug 23 18:19:36.506: Se0/0/1 CHAP: I RESPONSE id 2 len 23 from "R2"
R3#
*Aug 23 18:19:36.506: Se0/0/1 PPP: Sent CHAP LOGIN Request
*Aug 23 18:19:36.506: Se0/0/1 PPP: Received LOGIN Response PASS
*Aug 23 18:19:36.510: Se0/0/1 PPP: Sent LCP AUTHOR Request
*Aug 23 18:19:36.510: Se0/0/1 PPP: Sent IPCP AUTHOR Request
```

```
*Aug 23 18:19:36.510: Se0/0/1 LCP: Received AAA AUTHOR Response PASS
*Aug 23 18:19:36.510: Se0/0/1 IPCP: Received AAA AUTHOR Response PASS
*Aug 23 18:19:36.510: Se0/0/1 CHAP: O SUCCESS id 2 len 4
*Aug 23 18:19:36.510: Se0/0/1 CHAP: I SUCCESS id 48 len 4
*Aug 23 18:19:36.514: Se0/0/1 PPP: Sent CDPCP AUTHOR Request
*Aug 23 18:19:36.514: Se0/0/1 PPP: Sent IPCP AUTHOR Request
*Aug 23 18:19:36.514: Se0/0/1 CDPCP: Received AAA AUTHOR Response PASS
R3#
*Aug 23 18:19:37.510: %LINEPROTO-5-UPDOWN: Line protocol on Interface
Serial0/0/1, changed state to up
R3#
*Aug 23 18:19:46.570: %OSPF-5-ADJCHG: Process 1, Nbr 209.165.200.225 on
Serial0/0/1 from LOADING to FULL, Loading Done
R3#
```

任务 8：有意中断然后恢复 PPP CHAP 身份验证

→ 步骤 1——中断 PPP CHAP 身份验证。

在 R2 和 R3 间的串行链路上，将接口 serial 0/0/1 上的身份验证协议改为 PAP。

```
R2#conf t
Enter configuration commands, one per line.  End with CNTL/Z.
R2(config)#int s0/0/1
R2(config-if)#ppp authentication pap
R2(config-if)#^Z
R2#
*Aug 24 15:45:47.039: %SYS-5-CONFIG_I: Configured from console by
console
R2#copy run start
Destination filename [startup-config]?
Building configuration...
[OK]
R2#reload
```

→ 步骤 2——恢复串行链路上的 PPP CHAP 身份验证。

请注意：此更改无须重新启动路由器即可生效。

```
R2#conf t
Enter configuration commands, one per line.  End with CNTL/Z.
R2(config)#int s0/0/1
R2(config-if)#ppp authentication chap
```

```
R2(config-if)#
*Aug 24 15:50:00.419: %LINEPROTO-5-UPDOWN: Line protocol on Interface
Serial0/0/1, changed state to up
R2(config-if)#
*Aug 24 15:50:07.467: %OSPF-5-ADJCHG: Process 1, Nbr 192.168.30.1 on
Serial0/0/1 from LOADING to FULL, Loading Done
R2(config-if)#
```

→ 步骤 3——在 R3 上更改口令，有意中断 PPP CHAP 身份验证。

```
R3#conf t
Enter configuration commands, one per line.  End with CNTL/Z.
R3(config)#username R2 password ciisco
R3(config)#^Z
R3#
*Aug 24 15:54:17.215: %SYS-5-CONFIG_I: Configured from console by
console
R3#copy run start
Destination filename [startup-config]?
Building configuration...
[OK]
R3#reload
```

→ 步骤 4——在 R3 上更改口令，恢复 PPP CHAP 身份验证。

```
R3#conf t
Enter configuration commands, one per line.  End with CNTL/Z.
R3(config)#username R2 password cisco
R3(config)#
*Aug 24 16:11:10.679: %LINEPROTO-5-UPDOWN: Line protocol on Interface
Serial0/0/1, changed state to up
R3(config)#
*Aug 24 16:11:19.739: %OSPF-5-ADJCHG: Process 1, Nbr 209.165.200.225 on
Serial0/0/1 from LOADING to FULL, Loading Done
R3(config)#
```

任务 9：记录路由器配置

在每台路由器上发出 show run 命令捕获配置信息。

```
R1#show run <省略输出>
R2#show run <省略输出>
R3#show run <省略输出>
```

5.1.5 实例 2——帧中继配置

1. 实例简介

在 Packet Tracer 软件中无法将路由器配置成帧中继交换机，因此只能使用 Packet Tracer 软件中的 WAN Emulation 设备来模拟帧中继交换机，实现帧中继点到点网络的连接和测试。帧中继拓扑如图 5-2 所示。

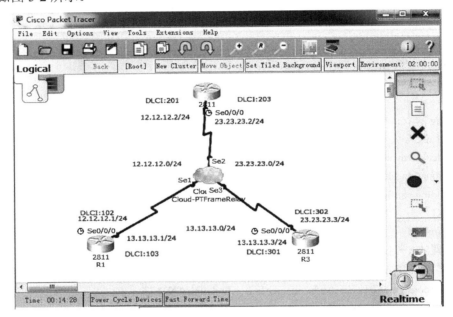

图 5-2 帧中继拓扑

2. 学习目标

① 掌握帧中继的封装方法；
② 掌握帧中继映射配置命令。

3. 操作过程

任务 1：搭建网络拓扑

→ 步骤 1——给路由器添加串行接口模块。

在 Packet Tracer 中拖出 3 台 2811 路由器，并添加 WIC-2T 模块至 slot 0 插槽中。

→ 步骤 2——添加帧中继云图。

在 Packet Tracer 中选择 WAN Emulation 设备中的云图来模拟帧中继交换机，并按照拓扑图连接各端口。

任务 2：配置路由器

→ 步骤 1——封装路由器串行接口。

3 台路由器与帧中继云图连接的接口都需要封装成帧中继模式，命令如下。

R1：
Router(config)#hostname R1
R1(config)#int s0/0/0
R1(config-if)#no shut
R1(config-if)#encapsulation frame-relay

R2：
Router(config)#hostname R2
R2(config)#int s0/0/0
R2(config-if)#no shut
R2(config-if)#encapsulation frame-relay

R3：
Router(config)#hostname R3
R3(config)#int s0/0/0
R3(config-if)#no shut
R3(config-if)#encapsulation frame-relay

→ 步骤 2——配置路由器点到点子接口。

在 3 台路由器的串行接口上配置帧中继点到点子接口，子接口 IP 地址和 DLCI 编号在图 5-2 中已经给出，配置命令如下。

R1：
R1(config)#int s0/0/0.2 point-to-point
R1(config-subif)#ip add 12.12.12.1 255.255.255.0
R1(config-subif)#frame-relay interface-dlci 102
R1(config-subif)#exit
R1(config)#int s0/0/0.3 point-to-point
R1(config-subif)#ip add 13.13.13.1 255.255.255.0
R1(config-subif)#frame-relay interface-dlci 103
R1(config-subif)#exit

R2：
R2(config)#int s0/0/0.1 point-to-point
R2(config-subif)#ip add 12.12.12.2 255.255.255.0
R2(config-subif)#frame-relay interface-dlci 201
R2(config-subif)#exit

```
R2(config)#int s0/0/0.3 point-to-point
R2(config-subif)#ip add 23.23.23.2 255.255.255.0
R2(config-subif)#frame-relay interface-dlci 203
R2(config-subif)#exit
R3:
R3(config)#int s0/0/0.1 point-to-point
R3(config-subif)#ip add 13.13.13.3 255.255.255.0
R3(config-subif)#frame-relay interface-dlci 301
R3(config-subif)#exit
R3(config)#int s0/0/0.2 point-to-point
R3(config-subif)#ip add 23.23.23.3 255.255.255.0
R3(config-subif)#frame-relay interface-dlci 302
R3(config-subif)#
```

任务 3：配置帧中继云图

→ 步骤 1——配置帧中继云图上各接口。

在帧中继 Config 选项中选择 Serial1 接口，在 DLCI 中填入 102，在 Name 中填入 1-2，然后单击 Add 按钮，依次配置 DLCI103 以及其他两个路由器，如图 5-3、图 5-4 和图 5-5 所示。

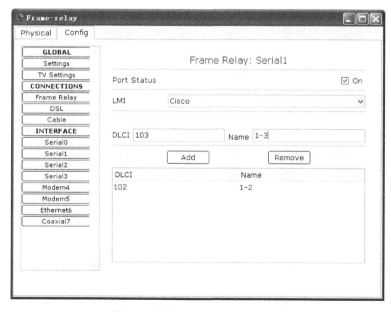

图 5-3　子接口 Serial1 DLCI 配置

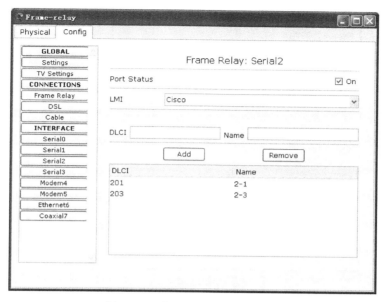

图 5-4　子接口 Serial2 DLCI 配置

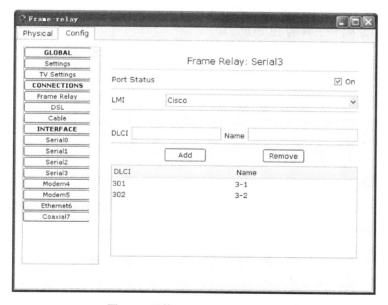

图 5-5　子接口 Serial3 DLCI 配置

→　步骤 2——配置帧中继映射。

在帧中继 Config 选项中选择 Frame Relay，在映射列表中左侧选择 Serial1 和 1-2，右侧选择 Serial2 和 2-1，映射关系就出现在下方空白处，依次配置其他映射关系，配置结果如图 5-6 所示。

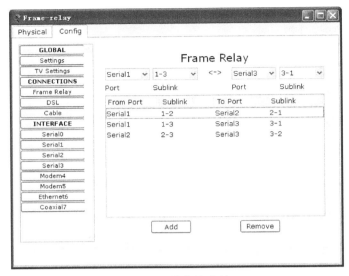

图 5-6 帧中继映射

→ 步骤 3——测试帧中继配置。

使用 ping 命令从每个路由器上分别测试到达其他两个路由器的连通性，ping 的目标是与自己路由器子接口是同一子网的 IP 地址。

5.2 访问控制列表（ACL）

5.2.1 ACL 简介

1. 什么是 ACL

访问控制列表（ACL）是应用在路由器接口的指令列表。这些指令列表用来告诉路由器哪些数据包可以接收、哪能数据包需要拒绝。至于数据包是被接收还是拒绝，可以由类似于源地址、目的地址和端口号等的特定指示条件来决定。

2. 配置 ACL

配置 ACL 要遵循以下 3 个原则。

（1）顺序处理原则

对 ACL 表项的检查是按照自上而下的顺序进行的，从第一行起，直到找到第一个符合条件的行为止，其余的行不再继续比较。因此必须考虑在访问控制列表中放入语句的次序，比如测试性的语句最好放在 ACL 的最顶部。

（2）最小特权原则

对 ACL 表项的设置应只给受控对象完成任务所必须的最小的权限。如果没有 ACL，则等于许可（Permit Any）。一旦添加了 ACL，默认在每个 ACL 中最后一行为隐含的拒绝（Deny Any）。如果之前没找到一条许可（Permit）语句，意味着包将被丢弃。所以每个 ACL 必须至少有一行 permit 语句，除非用户想将所有数据包丢弃。

（3）最靠近受控对象原则

尽量考虑将扩展的 ACL 放在靠近源地址的位置上，这样创建的过滤器就不会反过来影响其他接口上的数据流。另外，尽量使标准的 ACL 靠近目的地址，由于标准 ACL 只使用源地址，如果将其靠近源地址会阻止报文流向其他端口。

5.2.2 实例 1——配置标准访问控制列表

1. 实例简介

某企业销售部、市场部的网络和财务部的网络通过路由器 RTA 和 RTB 相连，整个网络配置 RIPv2 路由协议，保证网络正常通信。要求在 RTB 上配置标准 ACL，允许销售部的主机 PC1 访问路由器 RTB，但拒绝销售部的其他主机访问 RTB，允许销售部和市场部网络上所有其他流量访问 RTB。标准访问控制列表拓扑如图 5-7 所示。

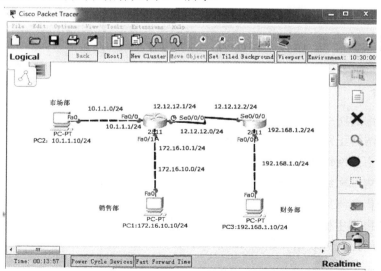

图 5-7　标准访问控制列表拓扑

2. 学习目标

① 掌握标准 ACL 的语法规则；
② 掌握标准 ACL 的配置步骤；
③ 牢记隐含的"拒绝所有流量"条件语句。

3. 操作过程

任务 1：准备网络

→ 步骤 1——根据图 5-7 所示完成路由器基本配置。
→ 步骤 2——使用静态路由配置网络，使 3 台 PC 能够互相 ping 通。

任务 2：配置标准访问控制列表

→ 步骤 1——在路由器 RTB 上配置标准 ACL，命令如下。

```
RTB(config)#access-list 1 permit host 172.16.10.10
RTB(config)#access-list 1 deny 172.16.10.0   0.0.0.255
RTB(config)#access-list  1  permit  any
```

→ 步骤 2——将 ACL 应用到接口上。

```
RTB(config)#interface   s0/0/0
RTB(config-if)#ip  access-group  1  in
```

→ 步骤 3——验证 ACL。

```
RTB# show   access-lists
RTB# show   ip   interface
```

5.2.3 实例 2——配置扩展访问控制列表

1. 实例简介

某企业销售部的网络和财务部的网络通过路由器 RTA 和 RTB 相连，整个网络配置 RIPv2 路由协议，保证网络正常通信。要求在 RTA 上配置扩展 ACL，以实现以下 4 个功能：

- 允许销售部网络 172.16.10.0 的主机访问 WWW Server 192.168.1.10；
- 拒绝销售部网络 172.16.10.0 的主机访问 FTP Server 192.168.1.10；
- 拒绝销售部网络 172.16.10.0 的主机 Telnet 路由器 RTB；
- 拒绝销售部主机 172.16.10.10 ping 路由器 RTB。

配置扩展访问控制列表拓扑如图 5-8 所示。

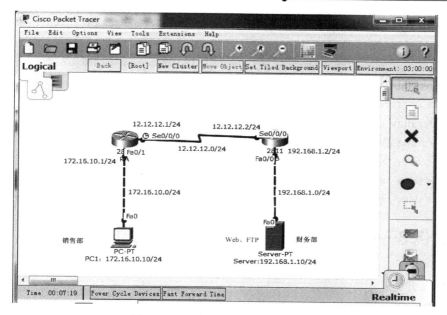

图 5-8 配置扩展访问控制列表拓扑

2. 学习目标

① 掌握扩展 ACL 的语法规则;
② 掌握扩展 ACL 的配置步骤;
③ 掌握关键字 any 和 host 的用法;
④ 掌握扩展访问控制列表放置位置;
⑤ 牢记隐含的"拒绝所有流量"条件语句。

3. 操作过程

任务 1:准备网络

→ 步骤 1——根据图 5-8 完成路由器基本配置。
→ 步骤 2——使用 RIPv2 配置网络,使 PC 和服务器能够互相 ping 通。

任务 2:配置扩展访问控制列表

→ 步骤 1——在路由器 RTB 上配置标准 ACL,命令如下。

```
RTA(config)# access-list 100 permit tcp   172.16.10.0   0.0.0.255 host 192.168.1.10 eq 80
RTA(config)# access-list 100 deny   tcp   172.16.10.0   0.0.0.255 host 192.168.1.10 eq 20
RTA(config)# access-list 100 deny   tcp   172.16.10.0   0.0.0.255 host 192.168.1.10 eq 21
RTA(config)# access-list 100 deny   tcp   172.16.10.0   0.0.0.255 host 12.12.12.2 eq 23
```

```
RTA(config)# access-list 100 deny   tcp    172.16.10.0   0.0.0.255 host 192.168.1.2 eq 23
RTA(config)# access-list 100 deny icmp    host 172.16.10.10    host 12.12.12.2
RTA(config)# access-list 100 deny   icmp    host 172.16.10.10    host 192.168.1.2
RTA(config)# access-list 100 permit    ip    any    any
```
→ 步骤 2——将 ACL 应用到接口上。
```
RTA(config)# interface   f0/0
RTA(config-if)# ip   access-group    100   in
```
→ 步骤 3——验证 ACL。
```
RTB# show    access-lists
RTB# show    ip    interface
```

5.2.4 实例 3——配置命名访问控制列表

1．实例简介

将实例 1 中的标准访问控制列表改成标准命名访问控制列表，将实例 2 中的扩展访问控制列表改成扩展命名访问控制列表。

2．学习目标

① 掌握标准命名访问控制列表的写法；
② 掌握扩展命名访问控制列表的写法。

3．操作过程

任务 1：配置标准命名访问控制列表

→ 步骤 1——删除实例 1 中的标准访问控制列表。

要删除访问控制列表不仅要在路由器上删除表项，还需要在接口模式下删除访问控制列表应用方向，命令如下所示：

```
RTB(config)#no access-list   1
RTB(config)#interface   s0/0/0
RTB(config-if)#no ip   access-group   1   in
```
→ 步骤 2——配置标准命名访问控制列表。
```
RTB(config)# ip   access-list   standard   std
RTB(config-std-nacl)# permit host 172.16.10.10
RTB(config-std-nacl)# deny 172.16.10.0   0.0.0.255
RTB(config-std-nacl)# permit   any
```
→ 步骤 3——将标准命名访问控制列表应用到接口上。

```
RTB(config)# interface   s0/0/0
RTB(config-if)#ip   access-group   std   in
```

任务 2：配置扩展命名访问控制列表

→ 步骤 1——删除实例 2 中的扩展访问控制列表。

删除扩展访问控制列表的方法与删除标准访问控制列表方法一样，命令如下：

```
RTA(config)#no access-list   100
RTA(config)# interface   f0/0
RTA(config-if)# no ip   access-group   100   in
```

→ 步骤 2——配置扩展命名访问控制列表。

```
RTA(config)# ip access-list   extended   ext
RTA(config-ext-nacl)#permit tcp   172.16.10.0   0.0.0.255 host 192.168.1.10 eq 80
RTA(config-ext-nacl)#deny   tcp   172.16.10.0   0.0.0.255 host 192.168.1.10 eq 20
RTA(config-ext-nacl)#100 deny   tcp   172.16.10.0   0.0.0.255 host 192.168.1.10 eq 21
RTA(config-ext-nacl)#100 deny   tcp   172.16.10.0   0.0.0.255 host 12.12.12.2 eq 23
RTA(config-ext-nacl)#100 deny   tcp   172.16.10.0   0.0.0.255 host 192.168.1.2 eq 23
RTA(config)# access-list 100 deny icmp   host 172.16.10.10   host 12.12.12.2
RTA(config)# access-list 100 deny   icmp   host 172.16.10.10   host 192.168.1.2
RTA(config)# access-list 100 permit   ip   any   any
```

命名 ACL 允许删除任意指定的语句，但新增的语句只能被放到 ACL 的结尾。

→ 步骤 3——将扩展命名访问控制列表应用到接口上。

```
RTA(config)# interface   f0/0
RTA(config-if)#ip   access-group   ext   in
```

5.3 网络地址转换（NAT）

5.3.1 网络地址转换简介

1. 什么是 NAT

网络地址转换（Network Address Translation，NAT）接入广域网（WAN）技术，是一种将私有（保留）IP 地址转化为公有 IP 地址的转换技术，它被广泛应用于各种类型 Internet 接入方式和各种类型的网络中。原因很简单，NAT 不仅完美地解决了 IP 地址不足的问题，而且还能够有效地避免来自网络外部的攻击，隐藏并保护网络内部的计算机。

2. NAT 的分类

NAT 的实现方式有 3 种：静态网络地址转换（Static NAT）、动态网络地址转换（Dynamic NAT）和端口地址转换（Port Address Translation，PAT）。

（1）静态网络地址转换

静态转换是指将内部网络的私有 IP 地址转换为公有 IP 地址，IP 地址对是一对一的，借助静态转换，可以实现外部网络对内部网络中某些特定设备（如服务器）的访问。

（2）动态网络地址转换

动态转换是指将内部网络的私有 IP 地址转换为公用 IP 地址时，IP 地址是不确定的，是随机的，所有被授权访问 Internet 的私有 IP 地址可随机转换为任何指定的合法 IP 地址。也就是说，只要指定哪些内部地址可以进行转换，以及用哪些合法地址作为外部地址，就可以进行动态转换。动态转换可以使用多个合法外部地址集。当 ISP 提供的合法 IP 地址略少于网络内部的计算机数量时，可以采用动态转换的方式。

（3）端口地址转换

端口地址转换是指改变外出数据包的源端口并进行端口转换，即端口多路复用。采用端口多路复用方式，内部网络的所有主机均可共享一个合法外部 IP 地址实现对 Internet 进行访问，从而可以最大限度地节约 IP 地址资源，同时，又可隐藏网络内部的所有主机，有效避免来自 Internet 的攻击。因此，目前网络中应用最多的就是端口多路复用方式。

5.3.2 实例——使用网络地址转换实现公司接入 Internet

1. 实例简介

某公司有多个部门，现在该公司申请到一段公共 IP 地址 61.159.62.128~61.159.62.135 供所有员工接入 Internet 使用，公共 IP 地址分配情况如下：
- 公司有两台服务器，各使用一个公共 IP 接入 Internet；
- 公司宣传部使用一个公共 IP 接入 Internet；
- 其他部门使用剩余 IP 地址接入 Internet。

网络地址转换拓扑如图 5-9 所示。

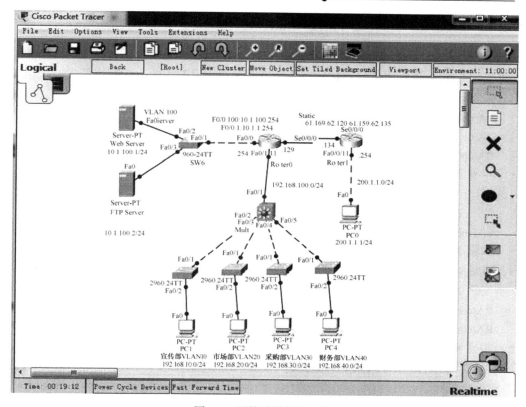

图 5-9 网络地址转换拓扑

2．学习目标

① 配置 ACL 以规定可以进行 NAT 的地址；
② 配置静态 NAT；
③ 配置动态 NAT 过载；
④ 利用静态路由配置 ISP 路由器；
⑤ 测试连通性。

3．操作过程

任务 1：准备网络

→ 步骤 1——根据图 5-9 所示完成路由器基本配置。
→ 步骤 2——使用 OSPF 配置网络，在 RA 和 ISP 之间使用静态默认路由。
→ 步骤 3——测试 PC1～PC4 与两个服务器的连通性（应为通）；测试 PC0 与两个服务器的连通性（应为不通）；测试 RA 与 PC0 的连通性（应为通）。

任务 2：使用静态 NAT 使服务器接入 Internet

→ 步骤 1——设置外部接口。

外部接口一般为接入运营商的接口，使用的都是公有 IP 地址，在本实例中，使用的是申请到的公共 IP 地址段中的第一个地址，命令如下：

  RA(config)# interface   s0/0/0
  RA(config-if)# ip address 61.159.62.129 255.255.255.248
  RA(config-if)#ip nat outside

→ 步骤 2——设置内部接口。

内部接口一般为内网接口，可以有多个，此处设置连接服务器的端口为内部接口，命令如下：

  RA(config)# interface   f0/0.100
  RA(config-if)#ip   nat intside

→ 步骤 3——在内部本地与内部全局地址之间建立静态地址转换。

内部本地地址一般指内网地址，这里是服务器地址；内部全局地址一般指申请到的公共 IP 地址，本实例中是 61.159.62.130～61.159.62.131，配置命令如下：

  RA(config)# ip nat inside source static 10.1.100.1 61.159.62.130
  RA(config)# ip nat inside source static 10.1.100.2 61.159.62.131

→ 步骤 4——测试 NAT 转换。

在两个服务器的命令行模式下 ping PC0，然后在 RA 上使用 show ip nat translation 命令查看 NAT 转换的结果。

任务 3：使用动态 NAT 使宣传部接入 Internet

→ 步骤 1——设置外部接口。

  RA(config)# interface   s0/0/0
  RA(config-if)#ip nat outside

→ 步骤 2——设置内部接口。

  RA(config)# interface   f0/1
  RA(config-if)#ip   nat intside

→ 步骤 3——定义合法 IP 地址池。

合法 IP 地址池是指一段公共 IP 地址，由开始地址和结束地址来表示，本实例中只有一个公共 IP 地址 61.159.62.132，配置命令如下：

  ip nat pool xuanchuanbu 61.159.62.132 61.159.62.132 netmask 255.255.255.248

→ 步骤 4——定义内部网络中允许访问 Internet 的访问列表。

  access-list 1 permit 192.168.10.0 0.0.0.255

→ 步骤 5——实现网络地址转换。

在全局设置模式下，将由 access-list 指定的内部本地地址与指定的内部合法地址池进行地址转换，配置命令如下：

```
ip nat inside source list 1 pool xuanchuanbu
```

→ 步骤 6——测试 NAT 转换。

在 PC1 命令行模式下 ping PC0，然后在 RA 上使用 show ip nat translation 命令查看 NAT 转换的结果。

任务 4：使用端口复用动态地址转换使其他部门接入 Internet

→ 步骤 1——设置外部接口。

```
RA(config)# interface    s0/0/0
RA(config-if)#ip nat outside
```

→ 步骤 2——设置内部接口。

```
RA(config)# interface    f0/1
RA(config-if)#ip    nat intside
```

→ 步骤 3——定义合法 IP 地址池。

```
ip nat pool xuanchuanbu 61.159.62.133 61.159.62.133 netmask 255.255.255.248
```

→ 步骤 4——定义内部网络中允许访问 Internet 的访问列表。

```
access-list 1 permit 192.168.20.0 0.0.0.255
access-list 1 permit 192.168.30.0 0.0.0.255
access-list 1 permit 192.168.40.0 0.0.0.255
```

→ 步骤 5——实现网络地址转换。

```
ip nat inside source list1 pool xuanchuanbu overload
```

→ 步骤 6——测试 NAT 转换。

在 PC2～PC4 命令行模式下 ping PC0，然后在 RA 上使用 show ip nat translation 命令查看 NAT 转换的结果。

5.4　本章小结

本章主要介绍 WAN 接入技术，着重讲解各种 WAN 技术，例如，PPP 和帧中继，然后讲解流量控制和访问控制列表（ACL）的工作原理，掌握访问控制列表（ACL）是网络管理员最重要的技能之一。最后说明企业网络 IP 编址的实施方法，例如 NAT，包括问题的检测、故障排除和纠正。讲述串行点对点通信和点对点协议（PPP）。

思考与练习

① 参考下图，路由器 R1 无法连接路由器 R3。根据提供的信息，对路由器 R1 进行哪些

配置更改可以解决这个问题?

```
hostname R3                                    hostname R1
username R1 password cisco                     username R1 password Cisco
!                                              !
int serial 0/0/0                               int serial 0/0/0
ip address 10.3.3.2 255.255.255.252            ip address 10.3.3.1 255.255.255.252
encapsulation ppp                              encapsulation ppp
ppp authentication CHAP                        ppp authentication PAP
```

② 列出与访问控制列表有关的原则。

③ 列出与标准访问控制列表和扩展访问控制列表放置位置有关的两个原则。

④ 参考下图,路由器 R1 不能与路由器 R2 和 R3 建立点对点帧中继连接。根据提供的信息,需要对路由器 R1 进行哪些配置更改?

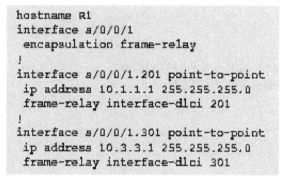
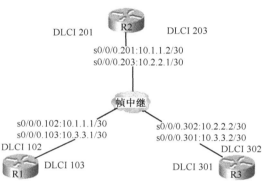

⑤ 参考上图,路由器 R2 已经配置了 NAT 服务。根据提供的信息,讨论下面的 NAT 转换情况。

```
R2#show ip nat translations
Pro  Inside global          Inside local         Outside local         Outside global
tcp  209.165.200.225:16642  192.168.10.10:16642  209.165.200.254:80    209.165.200.254:80
tcp  209.165.200.225:62452  192.168.11.10:62452  209.165.200.254:80    209.165.200.254:80

R2# show ip nat translations verbose
Pro  Inside global          Inside local         Outside local         Outside global
tcp  209.165.200.225:16642  192.168.10.10:16642  209.165.200.254:80    209.165.200.254:80
    create 00:01:45, use 00:01:43 timeout:86400000, left 23:58:16, Map-Id(In): 1,
    flags:
extended, use_count: 0, entry-id: 4, lc_entries: 0
tcp  209.165.200.225:62452  192.168.11.10:62452  209.165.200.254:80    209.165.200.254:80
    create 00:00:37, use 00:00:35 timeout:86400000, left 23:59:24, Map-Id(In): 1,
    flags:
extended, use_count: 0, entry-id: 5, lc_entries: 0
R2#
```

故障篇

第6章

故障排除

本章要点

- 故障排除方法及步骤
- 故障排除实例

一旦网络投入使用，管理员便需要监控其运行情况，以保证网络的运营效率。在实际运营中，网络中断现象会不时出现，有时网络中断是计划中的，对网络的影响易于控制；有时则是计划外的，对网络的影响可能相当严重。当出现意外网络中断时，管理员必须有能力排除故障，使网络完全恢复正常。在本章的学习中，在具备网络故障排除基本技能的基础上，利用 Packet Tracer 软件进行网络故障排除，以掌握网络排障的基本方法并解决网络中实际存在的问题。本章主要通过几个企业网络中常见的实例来介绍网络故障排除的方法。

6.1 故障排除方法及步骤

6.1.1 故障排除模型

1. OSI 模型

OSI 模型为网络工程师提供了一种通用语言，是一种常用的网络故障排除模型。一般按照给定 OSI 模型层来描述故障。

OSI 模型描述一台计算机中某个软件应用程序中的信息如何通过网络介质转移到另一台计算机中的某个软件应用程序。

OSI 模型的上层（第 5~7 层）处理应用程序问题，一般仅通过软件实现。应用层最接近最终用户，用户和应用层进程都与包含通信组件的软件应用程序交互。

OSI 模型的下层（第 1~4 层）处理数据传输问题。第 3 层和第 4 层一般仅通过软件实现，物理层（第 1 层）和数据链路层（第 2 层）则通过硬件和软件实现。物理层最接近物理网络介质（如网络电缆），负责实际将信息交给介质传输。

2. TCP/IP 模型

TCP/IP 网络模型与 OSI 网络模型类似，也将网络体系结构分为若干个模块化的层。

TCP/IP 协议簇中的应用层实际上合并了 OSI 模型会话层、表示层和应用层 3 层的功能。应用层在不同主机上的应用程序（例如，FTP、HTTP 和 SMTP）之间提供通信。

TCP/IP 的传输层与 OSI 的传输层在功能上完全相同。传输层负责在 TCP/IP 网络上的设备之间交换数据段。

TCP/IP 的 Internet 层对应 OSI 的网络层，负责将消息以设备能够处理的某种固定格式交给设备。

TCP/IP 的网络接入层对应 OSI 的物理层和数据链路层。网络接入层直接与网络介质通信，提供网络体系结构与 Internet 层之间的接口。

6.1.2 故障排除的一般步骤

（1）收集故障症状

故障排除的第一步是从网络、终端系统及用户收集故障症状并加以记录。此外，网络管理员还应确定哪些网络组件受到了影响，以及网络的功能发生了哪些变化。故障症状可能以许多不同的形式出现，其中包括网络管理系统警报、控制台消息以及用户投诉。在收集故障症状时，应通过提出问题缩小故障根源的范围。

（2）隔离故障

当你确定了单个故障或一组相关故障以后，才能进行故障隔离。要隔离故障，网络管理员需研究故障的特征，以便找到故障产生的原因。在此阶段，网络管理员可以根据所确定的故障特征收集并记录更多的故障症状。

（3）解决故障

故障被隔离并查明其原因后，网络管理员可通过实施、测试和记录解决方案设法解决故障。如果网络管理员确定纠正措施引发了另一个故障，将把所尝试的解决方案形成文档，取消所做的更改，然后再次执行收集故障症状和隔离故障步骤。

6.1.3 故障排除方法

1. 自下而上故障排除法

在采用自下而上故障排除法时，首先检查网络的物理组件，然后沿 OSI 模型各层的顺序向上排查，直到查明故障原因。当怀疑网络故障是物理故障时，采用自下而上故障排除法较为合适。大部分网络故障出现在较低层级，因此采用自下而上方法往往能够获得有效的结果。自下而上故障排除法的缺点是，必须逐一检查网络中的各台设备和各个接口，直至查明故障的可能原因。要知道，每个结论和可能性都必须做记录，因此采用此方法时连带地要做大量书面工作；另一个难题是需要确定先检查哪些设备。

2. 自上而下故障排除法

当采用自上而下故障排除法时，首先检查最终用户应用程序，然后沿 OSI 模型各层的顺序向下排查，直到查明故障原因。先测试终端系统的最终用户应用程序，然后再检查更具体的网络组件。当网络故障较为简单或认为故障是特定软件所致时，适合采用这种方法。自上而下故障排除法的缺点是，必须逐一检查各网络应用程序，直至查明故障的可能原因；每个结论和可能性都必须做记录，还有一个难题是需要确定先检查哪个应用程序。

3．分治故障排除法

当采用分治法解决网络故障时，您选择某个层，然后以该层为起点沿上、下两个方向检查网络。当采用分治法排除故障时，首先从用户那里收集故障症状并做记录，然后根据这些信息做出推测，确定从 OSI 的哪一层开始做调查。一旦某一层经检验工作正常，即假定其下的各层也工作正常，然后按顺序排查其上的各 OSI 层。如果某个 OSI 层工作不正常，则按顺序排查其下的各 OSI 模型层。例如，如果用户无法访问 Web 服务器，而对该服务器发出 ping 命令时可以获得响应，则表明故障出在第 3 层以上。如果对该服务器发出 ping 命令时无法获得响应，则表明故障可能出在较低的 OSI 层。

6.2 故障排除实例

6.2.1 实例 1——协议类故障排除实例

下面将以静态路由故障排除为例介绍。

1．实例简介

在本实验中，首先您将在每台路由器上加载配置脚本。这些脚本含有错误，会阻止网络中的端到端通信。您需要排除每台路由器的故障，找出配置错误并随后使用适当的命令纠正配置错误。当您纠正了所有的配置错误之后，网络中的所有主机就应该能够彼此通信了。协议类故障排除实例拓扑如图 6-1 所示，协议类故障排除 IP 地址表如表 6-1 所示。

2．学习目标

① 根据图 6-1 进行网络布线，清除启动配置并将路由器重新加载为默认状态；
② 使用提供的脚本加载路由器，发现网络未达到收敛的位置（脚本在附录 A 中提供）；
③ 收集有关网络错误的信息，针对网络错误提供解决方案，并针对网络错误实施解决方案；
④ 记录修正后的网络。

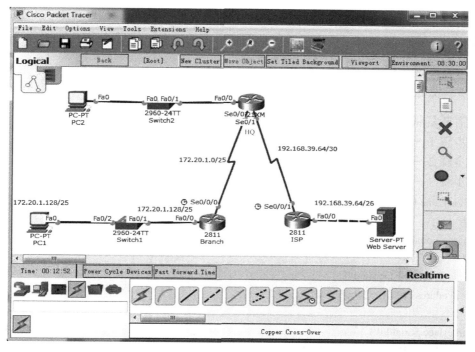

图 6-1 协议类故障排除实例拓扑

表 6-1 协议类故障排除 IP 地址表

设备	接口	IP 地址	子网掩码	默认网关
Branch	Fa0/0	172.20.1.129	255.255.255.128	N/A
	S0/0/0	172.20.1.1	255.255.255.128	N/A
HQ	Fa0/0	172.20.0.129	255.255.255.128	N/A
	S0/0/0	172.20.1.2	255.255.255.128	N/A
	S0/0/1	192.168.38.254	255.255.255.252	N/A
ISP	FA0/0	192.168.39.65	255.255.255.192	N/A
	S0/0/1	192.168.38.253	255.255.255.252	N/A
PC1	网卡	172.20.1.135	255.255.255.128	172.20.1.129
PC2	网卡	172.20.0.135	255.255.255.128	172.20.0.129
Web 服务器	网卡	192.168.39.70	255.255.255.192	192.168.39.65

3. 操作过程

任务 1：布线、清除配置并重新加载路由器

→ 步骤 1——构建一个类似图 6-1 所示的网络。

→ 步骤 2——清除每台路由器上的配置。

使用 erase startup-config 命令清除每台路由器上的配置，然后使用 reload 命令重新加载路由器。如果询问您是否保存更改，则回答 no。

任务 2：使用附录 A 中提供的脚本加载路由器

脚本需要复制到文本文件中，然后才可以加载到网络设备中。

→ 步骤 1——将附录 A 中 BRANCH 路由器脚本加载到 BRANCH 路由器。
→ 步骤 2——将附录 A 中 HQ 路由器脚本加载到 HQ 路由器。
→ 步骤 3——将附录 A 中 ISP 路由器脚本加载到 ISP 路由器。

```
hostname ISP
!
no ip domain-lookup
!
interface FastEthernet0/0
 ip address 192.168.39.65 255.255.255.192
 !
interface Serial0/0/1
 ip address 192.168.38.253 255.255.255.252
 no shutdown
!
ip route 172.20.0.0 255.255.255.0 192.168.38.254
!
line con 0
line vty 0 4
password cisco
 login
!
end
```

任务 3：BRANCH 路由器故障排除

→ 步骤 1——从连接到 BRANCH 路由器的主机开始故障排除。
● 在主机 PC1 上，是否能 ping 通 PC2？
● 在主机 PC1 上，是否能 ping 通 ISP LAN 上的 Web 服务器？
● 在主机 PC1 上，是否能 ping 通其默认网关？
→ 步骤 2——检查 BRANCH 路由器，找出可能存在的配置错误。

首先查看该路由器上每个接口的状态信息摘要，这些接口的状态是否有任何问题？如果这些接口的状态有任何问题，请记下用来修正配置错误的命令。

→ 步骤 3——如果在上面记录了任何命令，请现在将这些命令应用于路由器配置。

→ 步骤 4——查看状态信息摘要。如果上一步对配置进行了更改，请再次查看路由器接口的状态信息摘要。接口状态摘要信息是否显示有任何配置错误？如果回答是有，请再次对接口的状态进行故障排除。

→ 步骤 5——对 BRANCH 路由器上的静态路由配置进行故障排除。

首先查看路由表，路由表中目前显示有哪些路由？路由表是否有任何问题？如果路由表有任何问题，请记下用来修正配置错误的命令。

→ 步骤 6——如果在上面记录了任何命令，请现在将这些命令应用于路由器配置。

→ 步骤 7——查看路由信息。如果上一步对配置进行了更改，请再次查看路由表。路由表信息是否显示有任何配置错误？如果回答是有，请再次对路由表进行故障排除。

→ 步骤 8——再次 ping 各台主机。

在主机 PC1 上，是否能 ping 通 PC2？在主机 PC1 上，是否能 ping 通 ISP LAN 上的 Web 服务器？在主机 PC1 上，是否能 ping 通 HQ 的 Serial 0/0/0 接口？

任务 4：HQ 路由器故障排除

→ 步骤 1——从连接到 HQ 路由器的主机开始故障排除。在主机 PC2 上，是否能 ping 通 PC1？在主机 PC2 上，是否能 ping 通 ISP LAN 上的 Web 服务器？在主机 PC2 上，是否能 ping 通其默认网关？

→ 步骤 2——检查 HQ 路由器，找出可能存在的配置错误。首先查看该路由器上每个接口的状态信息摘要。这些接口的状态是否有任何问题？如果这些接口的状态有任何问题，请记下用来修正配置错误的命令。

→ 步骤 3——如果在上面记录了任何命令，请现在将这些命令应用于路由器配置。

→ 步骤 4——查看状态信息摘要。如果上一步对配置进行了更改，请再次查看路由器接口的状态信息摘要。接口的状态信息摘要是否显示有任何配置错误？如果回答是有，请再次对接口的状态进行故障排除。

→ 步骤 5——排除 HQ 路由器上的静态路由配置故障。首先查看路由表。路由表中目前显示有哪些路由？路由表是否有任何问题？如果路由表有任何问题，请记下用来修正配置错误的命令。

→ 步骤 6——如果在上面记录了任何命令，请现在将这些命令应用于路由器。

→ 步骤 7——查看路由信息。如果上一步对配置进行了更改，请再次查看路由表。路由表信息是否显示有任何配置错误？如果回答是有，请再次对路由表进行故障排除操作。

→ 步骤 8——再次 ping 各台主机。

- 在主机 PC2 上，是否能 ping 通 PC1？
- 在主机 PC2 上，是否能 ping 通 ISP 路由器的 Serial 0/0/1 接口？

- 在主机 PC1 上，是否能 ping 通 ISP LAN 上的 Web 服务器？

任务 5：ISP 路由器故障排除

→ 步骤 1——从连接到 ISP 路由器的主机开始故障排除。
- 在 ISP LAN 的 Web 服务器上，是否能 ping 通 PC1？
- 在 ISP LAN 的 Web 服务器上，是否能 ping 通 PC2？
- 在 ISP LAN 的 Web 服务器上，是否能 ping 通其默认网关？

→ 步骤 2——检查 ISP 路由器，找出可能存在的配置错误。首先查看该路由器上每个接口的状态信息摘要。这些接口的状态是否有任何问题？如果这些接口的状态有任何问题，请记下用来修正配置错误的命令。

→ 步骤 3——如果在上面记录了任何命令，请现在将这些命令应用于路由器配置。

→ 步骤 4——查看状态信息摘要。如果上一步对配置进行了更改，请再次查看路由器接口的状态信息摘要。接口的状态信息摘要是否显示有任何配置错误？如果回答是有，请再次对接口的状态进行故障排除操作。

→ 步骤 5——对 ISP 路由器上的静态路由配置进行故障排除操作。首先查看路由表。路由表中目前显示有哪些路由？路由表是否有任何问题？如果路由表有任何问题，请记下用来修正配置错误的命令。

→ 步骤 6——如果在上面记录了任何命令，请现在将这些命令应用于路由器配置。

→ 步骤 7——查看路由信息。如果上一步对配置进行了更改，请再次查看路由表。路由表信息是否显示有任何配置错误？如果回答是有，请再次对路由表进行故障排除。

→ 步骤 8——再次 ping 各台主机。
- 在 ISP LAN 的 Web 服务器上，是否能 ping 通 PC1？
- 在 ISP LAN 的 Web 服务器上，是否能 ping 通 PC2？
- 在 ISP LAN 的 Web 服务器上，是否能 ping 通 BRANCH 路由器的 WAN 接口？

任务 6：思考

本次实验中提供的脚本存在多处配置错误，请在下列位置简要写出您找到的错误。

_____
_____
_____
_____
_____
_____

任务 7：整理文档

在每台路由器上，截取以下命令的输出并保存为文本文件（.txt），以供将来参考。
- show running-config；
- show ip route；
- show ip interface brief。

6.2.2 实例 2——小型网络故障排除实例

1．实例简介

本实验提供的小型路由网络已经完成了配置，配置中含有设计错误和配置错误，它们与确定的要求相冲突，造成端对端通信无法实现。您需要检查提供的设计，找出所有设计错误并予以纠正，然后为网络布线，配置主机并加载配置到路由器，最后需要排除连通性故障，确定出错的位置并使用适当的命令来纠正错误。当所有错误都被纠正后，每台主机应该能够与所有其他已经配置好的网络元素和主机通信。小型网络故障排除实例实验拓扑如图 6-2 所示。

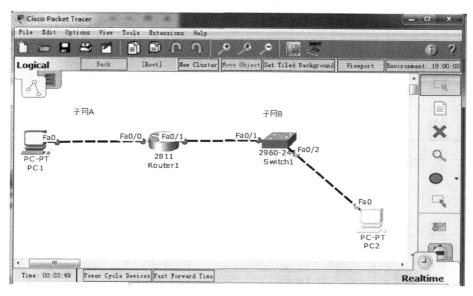

图 6-2 小型网络故障排除实例实验拓扑

2．学习目标

① 检查纸面设计是否符合确定的网络要求并根据图 6-2 完成网络电缆连接。

② 删除路由器启动配置并将其重新加载到默认状态，使用所提供的脚本加载路由器。
③ 找到无法通信的位置，收集网络配置错误和其他错误的相关信息。
④ 分析信息，确定产生通信故障的原因。
⑤ 提出纠正网络错误的解决方案，实施纠正网络错误的解决方案。

3．操作过程

任务 1：检查逻辑 LAN 拓扑

根据表 6-2 要求为 IP 地址块 172.16.30.0/23 划分子网。

表 6-2 子网和主机数

子 网	主 机 数
子网 A	174
子网 B	60

其他要求和规定如下。
- 使用零子网。
- 应使用最小的子网满足主机要求，保留最大的地址块供未来使用。
- 将第一个可用的子网分配给子网 A。
- 主机计算机使用子网中第一个可用的 IP 地址，网络路由器使用最后一个可用的网络主机地址。

根据上述要求，为您提供了如表 6-3 所示的构建实验拓扑的 IP 地址规划表。

表 6-3 IP 地址规划表

子 网	规 范	值
子网 A	IP 掩码（十进制）	255.255.255.0
	IP 地址	172.16.30.0
	第一个 IP 主机地址	172.16.30.1
	最后一个 IP 主机地址	172.16.30.254
子网 B	IP 掩码（十进制）	255.255.255.128
	IP 地址	172.16.31.0
	第一个 IP 主机地址	172.16.31.1
	最后一个 IP 主机地址	172.16.31.126

检查表 6-3 中的每个值，检验此拓扑是否符合所有要求和规定，是否有任何不正确的值？如果有，请纠正上表中的值，并在下面写下正确的值。

使用正确的值创建如表 6-4 所示的配置表。

表 6-4 IP 地址表

设 备	IP 地址	掩 码	网 关
主机 1	172.16.30.1	255.255.255.0	172.16.30.254
Router，Fa0/0	172.16.30.254	255.255.255.0	不适用
主机 2	172.16.31.1	255.255.255.128	172.16.31.126
Router1 Fa0/1	172.16.31.126	255.255.255.128	不适用

任务 2：连接网络电缆，删除配置，然后重新加载路由器

→ 步骤 1——为网络布线。根据拓扑所示完成网络电缆连接。

→ 步骤 2——清除每台路由器上的配置。使用 erase startup-config 命令清除路由器上的配置，然后重新加载路由器。如果询问是否存储更改内容，请回答 no（否）。

任务 3：配置主机计算机

→ 步骤 1——配置主机计算机。根据任务 1 中创建的配置表来配置每台主机计算机的静态 IP 地址、子网掩码和网关。配置完每台主机计算机后，通过 ipconfig/all 命令显示并检验主机网络设置。

任务 4：将以下路由器脚本加载到路由器中

路由器脚本需要复制到文本文件中，然后才可以加载到路由器中。

```
enable
!
config term
!
hostname Router1
!
enable secret class
!
no ip domain-lookup
!
 interface FastEthernet0/0
 description connection to host1
 ip address 172.16.30.1 255.255.255.0
 duplex auto
  speed auto
```

```
!
interface FastEthernet0/1
 description connection to switch1
 ip address 192.16.31.1 255.255.255.192
 duplex auto
 speed auto
!
!
line con 0
 password cisco
 login
line vty 0
 login
line vty 1 4
 password cisco
 login
!
```

任务 5：查找连通性问题

→ 步骤 1——使用 ping 命令测试网络连通性，使用表 6-5 测试每台网络设备的连通性。

表 6-5 连通性测试表

从	到	IP 地址	ping 结果
主机 1	NIC IP 地址	172.16.30.1	
主机 1	Router1，Fa0/0	172.16.30.254	
主机 1	Router1，Fa0/1	172.16.30.126	
主机 1	主机 2	172.16.31.1	
主机 2	NIC IP 地址	172.16.30.1	
主机 2	Router1，Fa0/1	172.16.31.126	
主机 2	Router1，Fa0/0	172.16.30.254	
主机 2	主机 1	172.16.30.1	

任务 6：排除网络连接故障

→ 步骤 1——从连接到 BRANCH 路由器的主机开始故障排除。
- 从主机 PC1 能否 ping 通 PC2？
- 从主机 PC1 能否 ping 通路由器的 fa0/1 接口？
- 从主机 PC1 能否 ping 通默认网关？

- 从主机 PC1 能否 ping 通其自身？
- 从哪个位置开始排除 PC1 连接故障最符合逻辑？

→ 步骤 2——检查路由器，查找可能的配置错误。首先查看路由器每个接口的状态信息摘要。接口状态有问题吗？如果这些接口的状态有问题，请记下修正配置错误的命令。

→ 步骤 3——使用必要的命令纠正路由器配置。

→ 步骤 4——查看状态信息摘要。如果在前一个步骤中更改了配置，现在请查看路由器接口的状态信息摘要。接口状态摘要信息是否显示 Router1 有任何配置错误？如果答案为是，请排除相应接口的状态故障。连接是否已经恢复？

→ 步骤 5——检查逻辑配置。检查 Fa 0/0 和 0/1 的完全状态。接口状态中的 IP 地址和子网掩码信息是否与配置表一致？如果配置表与路由器接口配置之间有差异，请记下修改路由器配置的命令。连接是否已经恢复？主机 ping 自己的地址有什么作用？

任务 7：课后清理

除非教师另有指示，否则需删除配置并重新启动交换机。拆下电缆并放回保存处。对于通常连接到其他网络（例如，学校的 LAN 或 Internet）的 PC 主机，请重新连接相应的电缆并恢复原有的 TCP/IP 设置。

6.2.3 实例 3——企业网络故障排除实例

1. 实例简介

前面已要求您纠正公司网络中的配置错误。在本实验中，请不要对任何控制台线路使用登录保护或口令保护功能，以免网络连接意外中断。请在本实验中统一使用 ciscoccna 口令。注：由于本实验是综合性的，您需要使用从前面材料中获得的所有知识和故障排除技术，才能成功完成本实验。企业网络故障排除实例拓扑及 IP 地址表如图 6-3 和表 6-6 所示。

2. 学习目标

① 根据实验拓扑完成网络电缆连接，清除启动配置，重新启动路由器使其处于默认状态；
② 使用附录 A 所提供的脚本加载路由器和交换机；
③ 查找并纠正所有网络错误，记录纠正后的网络。

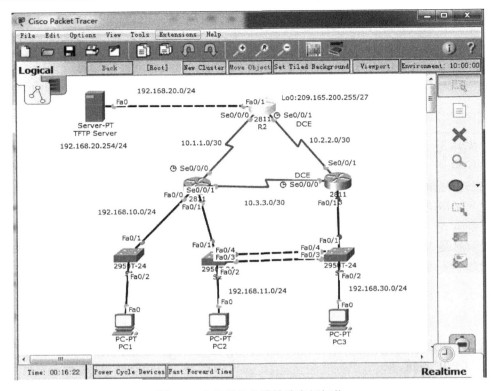

图 6-3 企业网络故障排除实例拓扑

表 6-6 企业网络故障排除 IP 地址表

设 备	接 口	IP 地址	子网掩码	默认网关
R1	Fa0/0	192.168.10.1	255.255.255.0	不适用
	Fa0/1	192.168.11.1	255.255.255.0	不适用
	S0/0/0	10.1.1.1	255.255.255.252	不适用
	S0/0/1	10.3.3.1	255.255.255.252	不适用
R2	Fa0/1	192.168.20.1	255.255.255.0	不适用
	S0/0/0	10.1.1.2	255.255.255.252	不适用
	S0/0/1	10.2.2.1	255.255.255.252	不适用
	Lo0	209.165.200.225	255.255.255.224	209.165.200.226
R3	Fa0/1	不适用	不适用	不适用
	Fa0/1.11	192.168.11.3	255.255.255.0	不适用
	Fa0/1.30	192.168.30.1	255.255.255.0	不适用
	S0/0/0	10.3.3.2	255.255.255.252	不适用
	S0/0/1	10.2.2.2	255.255.255.252	不适用

续表

设 备	接 口	IP 地址	子网掩码	默认网关
S1	VLAN10	DHCP	255.255.255.0	不适用
S2	VLAN11	192.168.11.2	255.255.255.0	不适用
S3	VLAN30	192.168.30.2	255.255.255.0	不适用
PC1	网卡	DHCP	DHCP	DHCP
PC2	网卡	192.168.11.10	255.255.255.0	192.168.11.1
PC3	网卡	192.168.30.10	255.255.255.0	192.168.30.1
TFTP Server	网卡	192.168.20.254	255.255.255.0	192.168.20.1

3. 实验要求

- S2 是 VLAN 11 的生成树根，而 S3 是 VLAN 30 的生成树根。
- S3 为 VTP 服务器，并以 S2 作为客户端。
- R1 和 R2 之间的串行链路为帧中继。确保每台路由器都能 ping 通各自的帧中继接口。
- R2 和 R3 之间的串行链路使用 HDLC 封装。
- R1 和 R3 之间的串行链路使用 PPP。
- R1 和 R3 之间的串行链路使用 CHAP 进行身份验证。
- 由于 R2 是 Internet 边缘路由器，因此它必须具有安全的登录过程。
- 所有 vty 线路（属于 R2 的 vty 线路除外）都只允许来自图 6-3 所示子网的连接，不包括公有地址。

提示：

```
R2# telnet 10.1.1.1 /source-interface loopback 0
Trying 10.1.1.1 ...
% Connection refused by remote host
```

- 对于所有未连接到其他路由器的链路，应当防止出现源 IP 地址欺骗。
- 必须确保路由协议的安全。所有 RIP 路由器必须使用 MD5 身份验证。
- R3 绝不能通过直接相连的串行链路 Telnet 至 R2。
- R3 能通过快速以太网端口 0/0 访问 VLAN11 和 VLAN30。
- TFTP Server 应该不能获得源地址位于子网之外的任何流量。所有设备均能访问 TFTP Server。
- 位于 192.168.10.0 子网的所有设备必须能够通过 R1 上的 DHCP 获得自己的 IP 地址，其中包括 S1 设备。
- 必须能通过 SDM 访问 R1。
- 必须能从每台设备到达拓扑中显示的所有地址。

4．操作过程

任务 1：使用附录 A 中提供的脚本加载路由器和交换机设备

脚本需要复制到文本文件中，然后才可以加载到网络设备中。

任务 2：查找并纠正所有网络错误

检查网络 IP 地址、端口状态和路由配置等，纠正所有错误。

任务 3：检查是否完全符合要求

由于时间有限，无法针对每个主题执行故障排除，因此只针对一部分主题设置了故障。但是，为了巩固和强化故障排除技巧，您应当确保达到每个要求。为此，请提供每个要求的示例（例如，show 命令或 debug 命令）。

任务 4：记录纠正后的网络

详细记录错误现象、错误原因以及错误纠正后的网络运行情况。

任务 5：实验后清理

清除配置，然后重新启动路由器。拆下电缆并放回保存处。对于通常连接到其他网络（例如，学校的 LAN 或 Internet）的 PC 主机，请重新连接相应的电缆并恢复原有的 TCP/IP 设置。

6.3 本章小结

本章通过 3 个实例，讲解了检查和发现故障的基本思路和方法。通过导入提前设计好的有故障的脚本文件，创设一个网络故障环境，然后按照步骤初步检查和发现故障，并按照要求最后排除故障。实例按照分层的方法，从最底层开始查找并逐层排除故障可能性，按照收集故障症状—隔离故障—解决故障的步骤来完成实例。如果在收集故障症状和隔离故障时发现有其他故障，可以采取分别记录的方法分而治之。此外，尝试在解决某个故障时，可能会引发另一个新的故障，在这种情况下，同样需要收集新故障的故障症状，隔离新故障并排除新故障。

思考与练习

① 列出用于测试和排除网络实施故障的命令。
② 说明使用 ping 命令测试和验证主机的网络连通性时要检查的 3 个层次。
③ 什么是网络基线？确定网络基线的方法有哪些？
④ 如果网络连接时断时续，可能是什么原因引起的？
⑤ 列举常用的 show 命令及其作用（至少 20 条）。

物联网篇

第 7 章 >>>

万物互联（IOT）

本章要点

- 物联网功能使用指南
- 物联网设备介绍
- Packet Tracer 7.0 软件模拟环境数据
- 实例

7.1 物联网功能使用指南

使用现有的技术和新技术，我们正在将物理世界与 Internet 连接起来。通过将无关联的事物连接起来，我们从 Internet 过渡到了万物互联。

从 Packet Tracer 7.0 版本开始，除了已有的路由器、交换机等设备外，设备类中增加了许多物联网智能硬件设备和组件。其中，智能硬件设备具有网络模块，能够通过物联网家庭网关或注册服务器联网实现远程监控和配置，而组件不具有网络模块，通过连接到单片机或单板机的数字或模拟接口上进行联网，用编程语言 JavaScript、Python 和可视化编程语言进行操控，使之可以成为远程控制和管理。

想象无极限，用户可以用 Packet Tracer 7.0 提供的物联网设备中的各种传感器、单片机、致动器等组件组合定制智能硬件设备，实现事物间的互联。

7.2 物联网设备介绍

7.2.1 物联网家庭网关和物联网服务器

作为物联网重要的中枢和控制系统，物联网家庭网关（HomeGateway）和物联网注册服务器（Server）都安装了物联网服务软件（IoE Service）。而智能硬件设备在其"Config"选项卡中选择任意的两者之一就可以连接或注册到物联网家庭网关或物联网注册服务器中，然后通过移动设备或 PC 的 Web 浏览器访问它们就可以对智能硬件设备进行远程管理、配置和操控了。（两者以下统称为"中控系统"）。

1. 中控系统的设置

从网络设备[Network Devices]大类中选择无线设备[Wireless Devices]，从其子类中选择家庭网关（HomeGateway）DLC100，在工作区空白处单击即可创建家庭网关，如图 7-1 所示。

家庭网关有 4 个以太网接口（LAN）和一个无线接入点（AP）及一个 Internet 接口。可以同时接入 4 个以太网设备；其无线接入默认 SSID 为"HomeGateway"，可以修改、配置无线加密和认证方式保证无线网络安全。家庭网关的广域网（Internet）接口可以连接到 Internet 上。默认家庭网关的内网 IP 地址为 192.167.25.1，可以自行设置，并能为以太网和无线设备提供动态 IP 地址分配。家庭网关默认登录用户为 admin，密码为 admin。在浏览器中输入家庭网关的 IP 地址就可以对已注册的智能硬件设备进行远程管理、配置和编程操控。

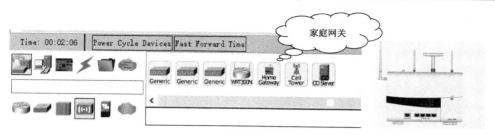

图 7-1 家庭网关

物联网注册服务器的默认物联网（IoE）服务是关闭的，使用时从服务器 Services（服务）选项卡将 IOE 服务设为"On"，如图 7-2 所示。IP 地址可根据网络拓扑自行设置。

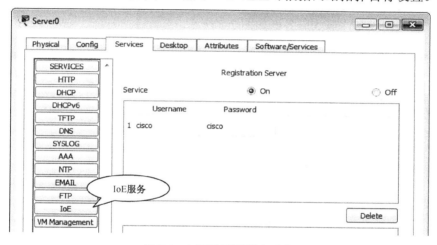

图 7-2 打开物联网服务功能

配置智能硬件设备的 IP 地址与该服务器要能够连通，连接之后必须要登录到该服务器上注册用户名和密码，如图 7-3、图 7-4 所示。

图 7-3 登录注册服务器

图 7-4 注册用户名和密码

在移动设备或 PC 的浏览器上输入物联网服务器的 IP 地址或域名,输入已注册的用户名和密码,就可看到智能硬件设备配置界面,例如,智能硬件设备"Window"(窗户)与远程注册服务器连接。物联网设备注册到服务器如图 7-5 所示。

图 7-5 物联网设备注册到服务器

2. 中控系统管理智能硬件设备

在中控系统中有主页(Home)、条件(Conditions)、编辑器(Editor)三个页面。在"主页"页面中用户可以远程监控和手动控制设备,如开关等,每个设备都具有状态列表。

管理智能硬件设备如图 7-6 所示。

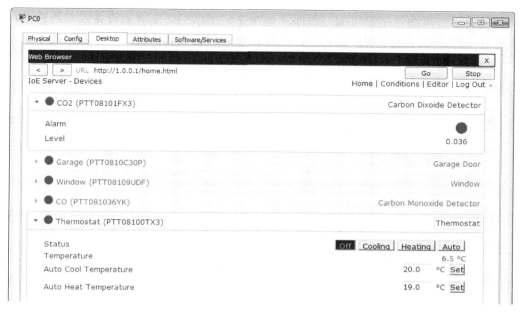

图 7-6　管理智能硬件设备

在"条件"页面上,用户可以修改、增加、删除、随意组合条件及引发的动作,如果条件符合,则动作就会自动执行。如果一氧化碳量或二氧化碳量超过限定值,车库门和窗户就会自动打开。设置智能设备驱动条件如图 7-7 所示。

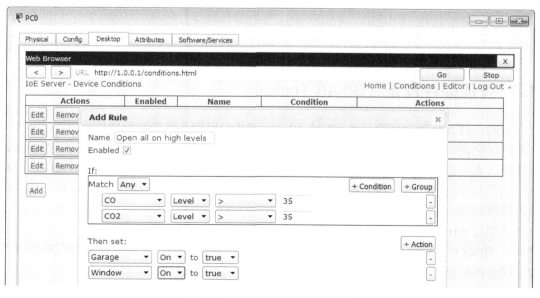

图 7-7　设置智能设备驱动条件

在"编辑器"页面，用户可编写程序（如图 7-8 所示）或部署到设备或单片机上。程序文件保存在中控系统中相应用户账户下，当选择设备的名称时，用户能够看到程序执行后的结果。

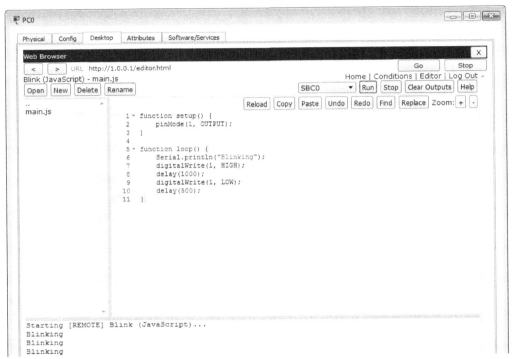

图 7-8　编辑程序

7.2.2　智能硬件设备（Smart Things）

智能硬件设备是物联网的灵魂，Packet Tracer 7.0 中提供了许多智能硬件设备，有家庭用的门、窗户、空调、加湿器、台灯、草坪喷洒器、咖啡机、风扇、火炉等，还有气压探测器、火警报警器、太阳能板、RFID 识别卡、环境监测器、智能街灯等智能城市物联网设备，以及工业上用的信号发射器、温控器、移动探测器、下水道监控器、水位监测等智能设备，还有电力上用的电表、电池、风力发电机等设备。

从终端设备[End Devices]类中的家庭[Family]、智慧城市[Smart City]、工业[Industrial]和电网[Power Grid]子类别中可以选择这些智能硬件设备，这些智能硬件设备都具有网络模块，可以与中控系统联网，通过移动设备或 PC 的 Web 界面进行远程管理和配置。

家庭子类中的智能硬件设备如图 7-9 所示。

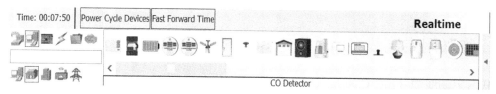

图 7-9 家庭子类中的智能硬件设备

智能硬件设备操控方法如下所述。
在 Packet Tracer 7.0 软件中对智能硬件设备的操控有以下三种方法。
- 直接控制：在工作区中按住"ALT"键的同时单击设备或移动鼠标进行设备的开关和方向控制操作；
- 本地控制：与单片机上的数字或模拟接口连接，通过编程对设备进行控制；
- 远程控制：在 IP 网络中，通过注册和连接到中控系统进行远程控制。

设备能够支持哪些操控方式，在设备的 Specifications（说明）选项卡中有详细的说明。

7.2.3 组件（Components）

组件是物联网设备中的简单配件。由于没有网络模块，物联网组件一般无法直接连接到中控系统上。它们要连接到单片机或单板机的模拟或数字接口上，由单片机或单板机直接控制或连到中控系统上，中控系统利用远程控制 API（Application Programming Interface，应用程序编程接口）从单片机上获得它们的状态信息，向其发送操控信号。

组件有三个子类，第一子类是板卡，包括单片机或单板机。第二个子类是致动器，致动器是一种基础电机，可根据一组特定指令移动或控制某个机械装置或系统。执行"使事情发生"的实际功能，其基本功能是接收信号，根据此信号执行特定操作。第三个子类是传感器，这些组件能够感知周围环境（如图像探测器，温度感应器），感知周围物品（如射频识别，金属探测仪），或是一些调节组件（如电位器、按钮）。

提示：单片机或单板机上默认没有网络模块，如需安装，首先需要关闭电源，安装有线或无线网络模块，然后打开电源，设置有效 IP 地址确保与中控系统连通。

从组件[End Devices]类中的板卡[Boards]、致动器[Actuators]、传感器[Sensors]子类别中可以选择这些组件。物联网设备中的传感器如图 7-10 所示。

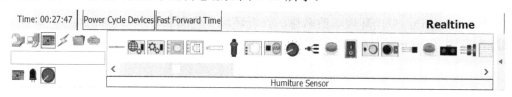

图 7-10 物联网设备中的传感器

7.2.4 物联网定制线缆（IoE Custom Cables）

物联网定制线缆（IoE Custom Cables）是单片机与单板机上的数字和模拟接口（D0、D1、A0、A1 等）与组件或组件之间的连线。

7.3 Packet Tracer 7.0 软件模拟环境数据

Packet Tracer 7.0 软件能完全模拟动态的物联网周边环境（Environment）（如图 7-11 所示），预置的各类环境传感器不断送来环境数据（温度、气压、光照、湿度、气体含量……），这些数据不断变化使模拟的物联网场景更加体现软件的现实感和逼真度。

图 7-11　物联网环境（Environment）所在位置

城际、城市、建筑物、配线间、房间等物理空间都各自有几十个环境数值，如温度、雨水、水位、风速、下雪等。如果没有外部设备影响，环境值会 24 小时循环，如太阳早晨 6 点升起，下午 6 点落下。中午环境温度达到 25℃。但如办公室的加热器运行起来，那么办公室的环境数据会变化；喷淋灭火器运行会增加环境水位和湿度；汽车开动会排放气体，周边的温度会随之升高；当环境烟雾浓度达到一定程度，环境烟雾探测器会发出警报……

单击右上角的（Environment）环境按钮，进入环境对话框。

① 位置（Location）：可以从下拉列表框中选择目前所在的环境。

② 时间（Time）：默认环境时间比正常时间快 30 倍，这是本软件模型的需要。

③ 环境值数值列表（Environment Values）：环境参数的一览表，可以在过滤框输入关键字快速找到你感兴趣的环境参数。鼠标指向环境名称停留会出现环境的 ID 值，这个值可以在编程时调用。

④ 图表（Chart）：单击环境参数名称，查看环境变化图表。

物联网环境（Environment）设置如图 7-12 所示。

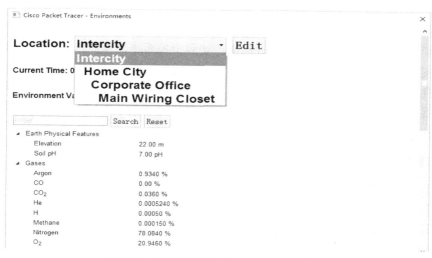

图 7-12 物联网环境（Environment）设置

7.4 实例

7.4.1 实例 1——智能家居之温度调控

智能家居之温度调控示意图如图 7-13 所示。

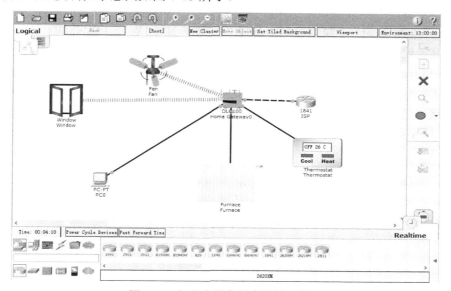

图 7-13 智能家居之温度调控示意图

1. 实例简介

家中火炉、窗户、风扇、温控器通过网络连接到中控系统，温控器感知家中温度，如温度低于 18℃，则自动启动火炉；如温度高于 28℃，则关闭火炉；窗户能够感知室内一氧化碳和二氧化碳的含量，如高达设定的危险值就会自动打开，降至设定的安全值后会自动闭合；风扇会根据温控器感知的温度低速或高速旋转。用户在外还可通过手机或 PC 上网连到中控系统对家中智能硬件设备进行监控、配置和管理。

2. 学习目标

① 掌握家庭智能硬件设备及中控系统等物联网设备的创建方法。
② 掌握物联网设备的联网配置方法。
③ 掌握物联网设备的属性配置方法。
④ 掌握家庭智能硬件设备的远程监控与配置方法。

3. 操作过程

→ 步骤 1——创建设备。

从终端设备[End Devices]中家庭[Home]设备子类中分别选择窗户（Window）、火炉（Furnace）、温控器（Thermostat）、风扇（Fan）4 个智能硬件设备，单击工作区空白位置创建设备，修改显示名称为设备名称；从网络设备[Network Devices]中[Wireless Devices]子类中选择设备[HomeGateway]放置在工作区中。放置一台 PC 和一台普通路由器到工作区。

→ 步骤 2——配置设备。

双击设备"窗户"打开其设置页面，点击右下角"Advanced"按钮，选择"I/O Config"选项在"Network Adapter"下拉列表框中选择"PT-IOE-NM-1W"，将原有的有线网卡换成无线网卡，设置其无线连接 SSID 为 HomeGateway，IP 地址为 DHCP 动态获取。在 Config 选项卡中选择"IoE Server"为"HomeGateway"。采用同样方法设置风扇。用 3 根直通线分别连接火炉与家庭网关、温控器与家庭网关、PC 与家庭网关的以太网口，IP 地址采用 DHCP 动态获取；用交叉线连接家庭网关的 Internet 口与路由器的以太网口，打开路由器相应端口。如图 7-14、图 7-15、图 7-16 所示。

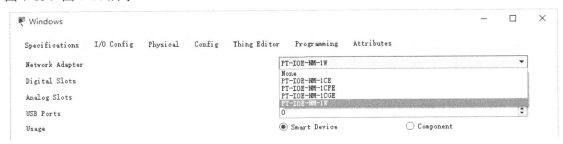

图 7-14　更换网络模块

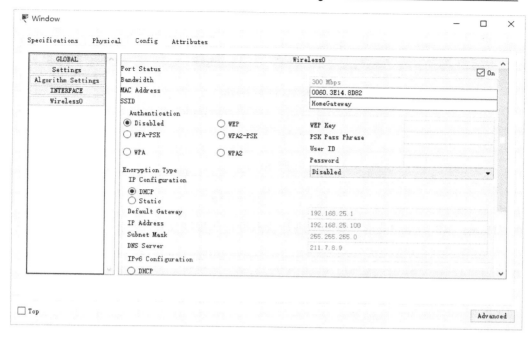

图 7-15　无线网络设置

图 7-16　选择中控设备

→　步骤 3——管理设备。

在 PC0 的浏览器中输入 http://192.168.25.1，用户名和密码均为 admin 登录到家庭网关，如图 7-17 所示。

图 7-17 登录中控设备

在"Home"和"Condtions"页面中进行状态设置和规则设置，如图 7-18、图 7-19 所示。

图 7-18 远程监控智能设备

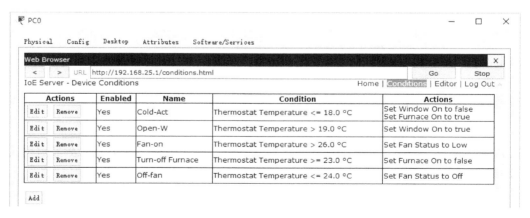

图 7-19 远程管理智能设备

7.4.2 实例2——动感汽车

图 7-20 为远程操控小车示意图。

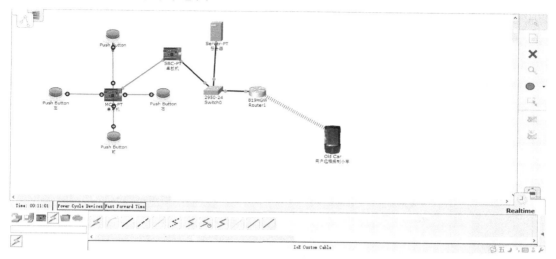

图 7-20　远程操控小车示意图

1．实例简介

按住 ALT 键+单击前、后、左、右红色按钮，小车会随之向相应方向移动，实现小车的远程操控。

2．学习目标

① 掌握组件与单片机的连接方法。
② 掌握组件的配置方法。
③ 掌握注册服务器的配置方法。
④ 掌握组件的编程控制方法。

3．操作过程

→ 步骤 1——创建设备。

从组件[Componets]中板卡[Boards]设备子类中分别选择 MCU Boards 和 SBC Boards；从组件[Componets]中传感器[Sensors]设备子类中选择 4 个按钮[Push Button]，单击工作区空白位置创建设备，修改显示名称为 Up、Down、Left、Right；从网络设备[Network Devices]中选择路由器和交换机；从[End Devices]中选择服务器，打开其 IoE 服务；从[End Devices]中[Smart Citys]子类中选择[Old Cars]。

→步骤 2——连接设备。

4 个按钮分别用 IoE Custom Cable 与 MCU 数字接口相连，MCU 与 SBC 用 USB 口相连，SBC 上安装网络模块（须关闭电源），在注册服务器上注册新用户 cisco，密码为 cisco，设置与注册服务器相连通。连接中控系统如图 7-21 所示。

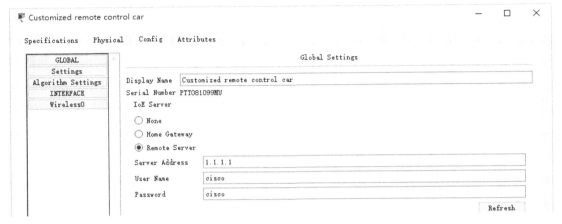

图 7-21　连接中控系统

远程小车同样与注册服务器相连通。单板机连接中控系统如图 7-22 所示。

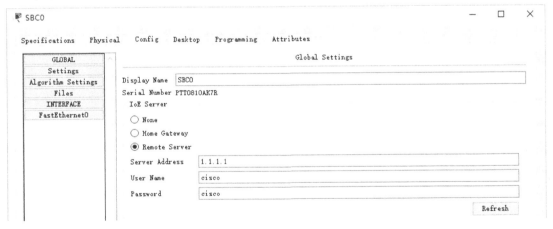

图 7-22　单板机连接中控系统

→步骤 3——编程控制设备。

在单片机 MCU 编程选项卡（Programming）中新建 main.py。代码如下：

```
from usb import *
from time import *
from gpio import *
```

```
def main():
    # start USB
    usb = USB(0, 57600)
    pinMode(0, IN)
    pinMode(1, IN)
    pinMode(2, IN)
    pinMode(3, IN)
    while True:
        if digitalRead(0) == HIGH:
            usb.write("left");
        elif digitalRead(1) == HIGH:
            usb.write("right");
        elif digitalRead(2) == HIGH:
            usb.write("up");
        elif digitalRead(3) == HIGH:
            usb.write("down");
        else:
            usb.write("stop");

        delay(500)
if __name__ == "__main__":
    main()
```

在单板机 SBC 编程选项卡（Programming）中新建 main.py。代码如下：

```
from usb import *
from time import *
from gpio import *
from ioeclient import *
def getDir(x):
    if "up" in x:
        print("up")
        return "0"
    elif "down" in x:
        print("down")
        return "1"
    elif "left" in x:
        print("left")
        return "2"
```

```
            elif "right" in x:
                print("right")
                return "3"
            else:
                print(x)
                return "4"
    def main():
        # start USB
        usb = USB(0, 57600)
        # Setup Registration Server
        IoEClient.setup({
            "type": "SBC",
            "states": [{
                "name": "Direction",
                "type": "options",
                "options": {
                    "0" : "Up",
                    "1" : "Down",
                    "2" : "Left",
                    "3" : "Right",
                    "4" : "Stop"
                },
                "controllable": False
            }]
        });
        while True:
            # read from USB
            direction=""
            while usb.inWaiting() > 0:
                direction = usb.readLine()
                IoEClient.reportStates(getDir(direction))
            delay(500)
    if __name__ == "__main__":
    main():
```

→ 步骤 4——远程控制设备。

在注册服务器"Conditions"页面上添加以下条件，如图 7-23 所示，这样就可以通过远程服务器对小车进行操控。

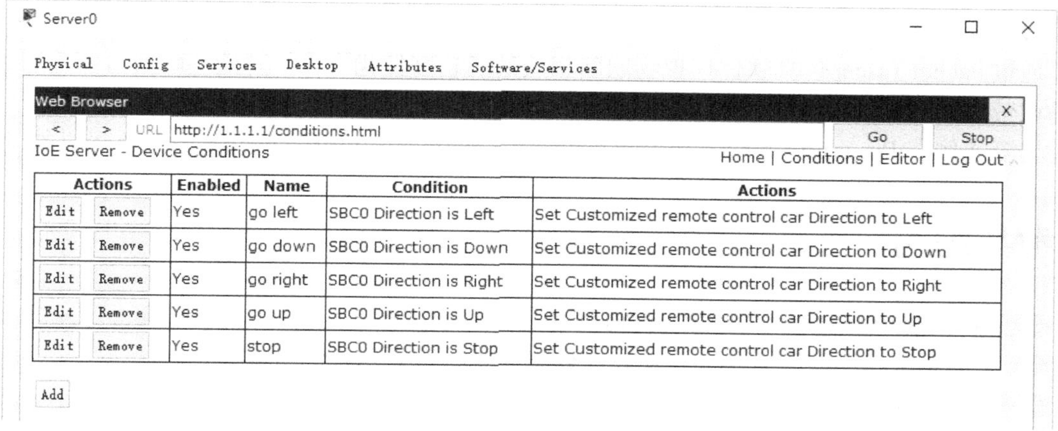

图 7-23 设置操控小车条件

智能小车的无线网络设置如图 7-24 所示。

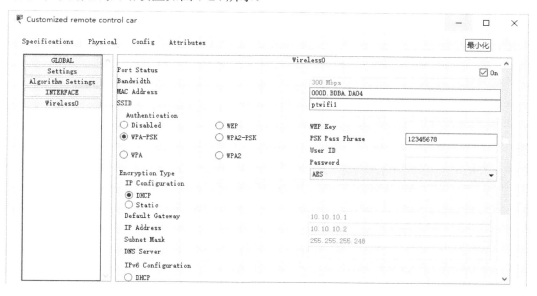

图 7-24 汽车网络设备

7.5 本章小结

物联网融合了可使网络连接比以往更加相关且更有价值的 4 大支柱：人员、流程、数据和事物。物联网具有 3 个重要特点：超强感知，传感器可以捕获有关产品的实时数据；预测能力，新的数据分析工具允许企业预测未来趋势和行为；敏捷，越来越准确的预测让企业能够更加灵活且快速地了解新兴市场趋势和威胁。

通过 Packet Tracer 仿真软件模拟物联网相关功能能够使我们真切感受和理解万物互联给各行各业带来的颠覆。

更多实例在\Program Files\Cisco Packet Tracer 7.0\saves\7.0\IoE_Devices 目录下可以找到。

思考与练习

① Packet Tracer 7.0 新增了哪几类物联网设备？
② 家庭网关和注册服务器上要安装什么服务才能连接物联网设备？
③ 哪种中控系统必须要先注册用户名和密码才能登录？
④ Packet Tracer 7.0 支持哪 3 种编程语言对组件进行远程操控？

游戏篇

第8章

游戏竞赛

本章要点

- Aspire 游戏介绍
- 开始游戏
- 游戏场景介绍
- 游戏注意事项

8.1 Aspire 游戏介绍

8.1.1 游戏概述

Aspire 是 Cisco 公司开发的一款学习辅助游戏软件,该游戏软件是基于 Cisco Packet Tracer 仿真软件开发的,提供一种情境模拟游戏教学环境。在这个游戏中,玩家扮演 Cisco 工程师的角色,一个又一个的合同交付给玩家,为完成这些任务,玩家需要跟客户联系,了解客户需求,跟客户签订好合同,通过合理使用资金,完成设备的采购、安装与调试,最终获得合同收入。Level1 共有 6 个合同,每个合同的任务安排与真实生活非常相似。玩家每完成一个合同会有相应的收入,并得到一个综合评价。完成所有的合同,游戏成功过关。在本机或网络中有排行榜,可以看到自己的名次,也可将获得的收入买一些新奇的玩具装饰自己的 Home。

8.1.2 游戏特色

教育部要求:"从 2016 年起所有高校都要设置创新创业教育课程,对全体学生开发开设创新创业教育必修课和选修课,纳入学分管理。要对有创业意愿的学生开设创业指导及实训类课程,对已经开展创业实践的学生开展企业经营管理类培训。"

Aspire 这款游戏非常贴合教育部的创新创业教育的要求。在这款游戏中,具有丰富的创业教育理念和思想,不仅考察玩家的组装、配置计算机以及网络设备安装配置和网络故障调试排除能力等硬技能,还考察玩家的资金管理能力、经商技巧、谈判技巧和企业家的管理思路等软技能。游戏中涉及企业资金运作、银行借贷与还款,致力于传授重要的商业和财务技能、态度以及行为等,以及社会人的担当和责任及诚信等,与真实生活非常接近,可以帮助学生在 21 世纪的职场中获得成功。

游戏中有大量的互动,不同的选择将会有不同的游戏分支和结果,后续游戏内容和界面也会有所不同,当然会影响最后的得分成绩。在游戏中会有一些客户需要你解答一些技术问题,一些客户需要你无偿帮助,一些公益慈善事业需要你参与,这些都是自愿的,可能有物质回报也可能没有。

具体挑战包括:

硬 技 能	软 技 能
• 识别应用层协议，满足特定的用户需求应用程序（DNS、HTTP、SMTP、FTP） • 安装及连接以太网网络设备，包括路由器、计算机、集线器、打印机 • 划分子网及 IP 地址分配 • 添加无线 Linksys 网络设备，实现 Linksys 网络设备和 Windows 客户端安全连接，解决无线客户端配置错误，实现基本的无线安全 • 排除默认网关设置错误 • 排除有类网络子网掩码设置错误 • 识别冲突和广播域，解决网络客户端配置错误 • 根据客户需求选择正确的交换机或路由器 • 正确更换或添加交换机或路由器接口卡 • 完成 Cisco 路由器交换机之间连接，在路由器上配置多个网络 • 配置 RIPv2 • 在单个局域网内解决以太网无线和串行连接问题 • 排除固定长度的子网掩码错误，诊断点对点的串行租用线路连接故障	• 根据个人目标选择企业战略 • 提供给客户产品和服务的选择，如维修合同和翻新设备 • 定义目标市场，选择不同类型的广告宣传方式 • 根据客户需求选择一个网络服务供应商（ISP） • 根据社会标准制定预算决策（慈善捐款，提供免费服务等） • 充分利用机会和奖金合同 • 开始一个企业 • 适应不断变化的商业环境，对客户的需求做出反应 • 管理企业资源，如库存和现金流 • 提高倾听能力和沟通能力 • 把握机会和奖励合同能力 • 管理企业资源，如库存和现金流，合理控制、使用和管理资金 • 培养借贷款能力 • 社会人的担当和责任能力
• IP 地址的划分及分配	• 团队合作能力
• 无线网络与有线网络的连接	• 主动工作能力
• 安全无线网络的配置及无线客户端的接入	• 创造性思维

以上这些对即将走入社会的学生玩家可能是一个很好的人生及职业生涯的启迪。

8.1.3 游戏安装方法

1. 游戏下载

（1）游戏下载位置

注：需要思科网络学院用户名和密码。
https://www.netacad.com/

（2）游戏安装包

AspireNetworkingAcademyEdition.exe

2. 安装软件所需的软硬件条件

（1）最低配置要求

- CPU：Intel Pentium III 500 MHz；
- 操作系统：Microsoft Windows XP，Microsoft Windows Vista，或者 Microsoft Windows 7；
- 内存：256 MB；
- 硬盘：500 MB 空余空间；
- 分辨率：1024×768；
- 软件支持：Adobe Flash Player。

（2）推荐配置

- CPU：Intel Pentium III 1.0 GHz 及以上；
- 内存：1 GB；
- 硬盘：600 MB 空余空间；
- 配件：音响或耳机；
- Internet 连接：如果使用多用户特性。

3. 游戏安装步骤

双击安装包，开始安装，安装过程与其他软件相似。安装成功，单击"Finish"按钮后启动游戏，如图 8-1 所示。

图 8-1　安装完成

8.1.4 游戏界面简要介绍

1. 启动游戏

（1）进入游戏加载画面

单击桌面图标启动游戏，进入游戏加载画面，如图 8-2 所示。

图 8-2　游戏加载画面

（2）用户申请

在画面中选择一个用户头像，方框内的头像代表默认选择，如图 8-3 所示，也可以向下拖动右边滚动条到最下面，选择"Custom Picture（定制图片）"，可以选择自己喜欢的图片当头像，如图 8-4 所示。

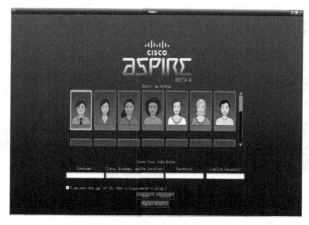

图 8-3　选择头像

图 8-4　用户定制头像

（3）输入申请信息

在下面输入用户名、班级名、网院名或所处位置（如乌鲁木齐）、密码并确认密码。输入完后单击"Done"进入下一个界面。支持中文名，建议使用英文名或拼音。

（4）进入游戏

进入游戏后，会有一段介绍该游戏的视频，新手可以看一下，看完之后会对游戏有一个大致的了解，然后点右边"Start Game"，正式开始游戏，如图 8-5 所示。

图 8-5　进入游戏界面

2. 游戏界面介绍

游戏界面大致分成 3 个区域：左边区域、上边区域和中间区域，如图 8-6 所示。

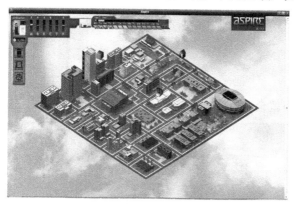

图 8-6　游戏界面

（1）左边区域

从上到下依次是：用户名和用户头像、用户账户上的钱数、用户手机、用户任务详单和游戏设置菜单。

（2）上边区域

从左到右依次是：用户名和用户头像、M（财务管理能力积分）、B（经商能力积分）、R（诚信积分）、C（技术设定能力积分）、T（排除故障能力积分）、P（能动性积分）和日历（任务日程表）。

（3）中间区域

上面有篮子图标的建筑物是商场，在这里可以购买到所有的网络产品和其他商品。

当鼠标指向有方块在上面旋转的建筑物时，会显示"Bank"，那是银行，玩家可以到那里去借贷。

旁边一个建筑物上也有图标在旋转，鼠标指向时会显示"Learning Center"，这是学习中心，在游戏中碰到技术问题可到这里来学习。

最右边有一个建筑物上有一个房子图标在旋转，那就是玩家的 Home，玩家可以随时进去，可用挣来的钱买一些新奇的东西装饰自己的小家。

8.2 开始游戏

8.2.1 接纳客户

1. 接受任务

很快,用户手机铃声就会响起,客户来电话了,单击"Accept",接起电话,如图 8-7 所示。

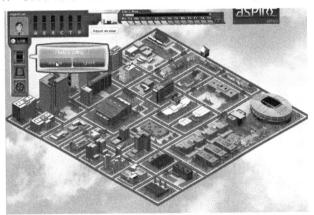

图 8-7 接听任务电话

第一个客户 Maria 就会和你谈合同了,她说要开一个能上网的咖啡馆,想邀请你帮她买一些网络设备并安装调试,问你是否同意。单击"Yes"接下合同,单击"No"放弃。单击"Yes"后她会预付 3 000 元钱,合同生效,注意日历表的变化及任务的交工时间,如图 8-8 所示。

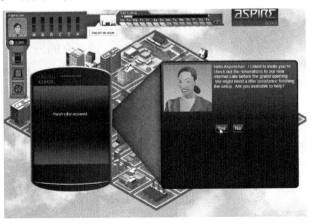

图 8-8 接受任务

8.2.2 完成任务

1. 寻找任务地点

这时图中间一个建筑物上就会出现旋转的"C"字母图标,代表此建筑物中有你要完成的合同,目前就是那个咖啡馆,如图8-9所示。

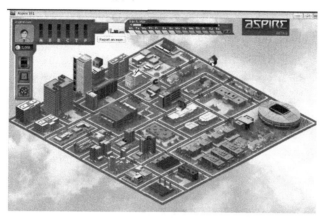

图 8-9 任务地点

随着你签订合同的增加,会有更多的建筑物上出现旋转的"C"字母图标。开始工作后,"C"字母图标会变成信封上带放大镜的图标在旋转。(合同履行完后,此建筑物上图标自动消失。)

2. 任务具体要求

现在合同要求也即具体任务来了,如图8-10所示。

图 8-10 任务具体要求

3. 完成任务

（1）购买设备

Maria 在合同上要求玩家买 4 台计算机，提示不要买笔记本电脑和无线计算机，但可以买那些顾客购买又退回商家的机器，这样的计算机很便宜，性能也还不错。点左边红色箭头的图标回到主界面，然后单击上面有篮子的建筑物进入超市，购买所需的设备。

选择中间图中左边从上到下第二个图标"Custom Devices"，找到"Refurbished PCs"，买 4 台计算机，然后单击"check out"，结账，如图 8-11 所示。

然后用前面同样方法进入咖啡馆。

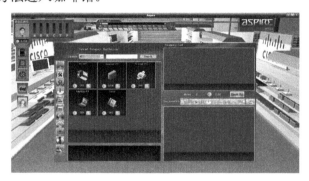

图 8-11 购买设备

（2）安装设备

单击左边最下面一个图标打开 Packet Tracer 界面，将自己买的设备依次拖放到桌面上，任务清单里的文字颜色变成绿色，代表相应任务完成，如图 8-12 所示。这时系统会给出一个综合评价，如图 8-13 所示。

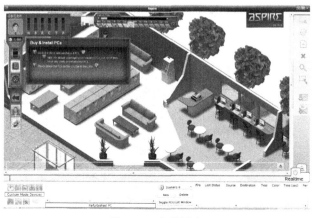

图 8-12 安装设备

图 8-13　综合评价

因为我们没有给 4 台"Refurbished PCs"买 PC_MAINTENACE_CONTRACT，也就是保修合同，因此我们的诚信积分为–1，这是我们要注意的。

这样第一个合同就结束了。如果能够快速准确履行这个合同，我们应得到 5 700 元。

8.3　游戏场景介绍

8.3.1　场景一：能上网的咖啡馆

1．游戏内容

该游戏内容是 Buy & Install PCs——购买和安装设备，场景如图 8-14 所示。

2．任务详单

① Go to the store and purchase 4 PCs.（到商场购买 4 台 PC。）

Hint: We do not want laptops or wireless PCs, but see if they have any deals on refurbished PCs.（注意：我们并不想要笔记本电脑或无线 PC，但可以接受顾客退货计算机。）

② Please place the PCs on the counter in the café.（请将这些 PC 安装在咖啡店的柜台上。）

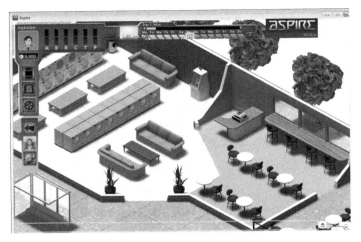

图 8-14 场景一：能上网的咖啡馆

8.3.2 场景二：政府办公室

1. 游戏内容

该游戏内容是 Buy & Install PCs and Accessories——购买和安装个人计算机及周边设备，场景如图 8-15 所示。

图 8-15 场景二：政府办公室

2. 任务详单

① Purchase 4 more PCs and place the PCs in the computer lab.（购买多于 4 台计算机并将之

安装在计算机实验室。)

② Connect PC1, PC2, and PC3 to Linksys wired Ethernet Ports. (将 PC1, PC2 和 PC3 连接到 Linksys 的以太网口上。)

Hint: You may need to purchase cables to connect the PCs. (注意: 你需要购买一些连线以方便设备间的连接。)

③ Purchase and install a headphone, microphone, and camera to PC1. (购买并在 PC1 上安装耳机、麦克风和摄像头。)

Hint: To install them, open the PC1's configuration dialog and drag the accessories onto the appropriate ports on the device. (注意: 若要安装这些配件, 要打开 PC1 的配置选项并且将这些配件拖拽到相应的位置。)

④ Purchase and install a wireless card, model PT-HOST-NM-1W, PT-HOST-NM-1W-A or, in PC4. (购买并在 PC4 上安装下列之一的网卡: PT-HOST-NM-1W、PT-HOST-NM-1W-A 或 Linksys-WMP300N。)

Hint: Be sure to turn off the power on the PC first. (注意: 确保先将电源关闭。)

⑤ Set the new PCs to get their IP address configuration from the Linksys router. (设置新计算机通过路由器 Linksys 获得 IP 地址。)

8.3.3 场景三: 学校图书馆

1. 游戏内容

该游戏内容是 Set up Wired Network——配置有线网络, 场景如图 8-16 所示。

图 8-16 场景三: 学校图书馆

2. 任务详单

① Purchase Linksys device and place it on the counter in the café. （购买 Linksys 设备并放在咖啡店的柜台上。）

Hint: Remember to also buy some Ethernet cables. You will need them to connect the PCs and Internet provider mode with the Linksys later.（注意：记得要购买网线，用于之后连接 PC 与 Linksys 设备。）

Hint: Make sure you get the correct cables!（注意：确保你买的材料是对的。）

② Use your phone contacts and call the Internet Service Provider to activate my service.〔用你的电话与 ISP（因特网服务提供商）联系以启动我要的网络服务。〕

③ Make the connection from the Linksys device to the ISP you chose (DSL or Cable).〔用线将 Linksys 路由器与 ISP 提供商设备相连（DSL 或 Cable）。〕

④ Connect the 4 PCs to the Linksys switchports.（将 4 台计算机与 Linksys 交换口相连。）

⑤ Set the PCs to obtain their IP addresses from the Linksys router.（设置计算机通过 Linksys 路由器获得 IP 地址。）

⑥ Verify that PC0，PC1，PC2，and PC3 can all reach the Web Server by firing the test PDUs until they are successful. Troubleshoot the situation if they are not.（验证 4 台计算机都能够 ping 通 Web 服务器，如果不通请排除故障。）

8.3.4 场景四：医院办公室

1. 游戏内容

该游戏内容是 Buy & Install Lab Equipment——购买并安装实验室所需设备，场景如图 8-17 所示。

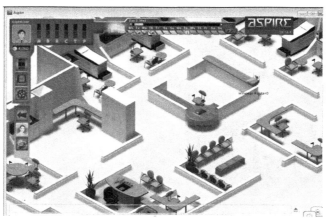

图 8-17 场景四：医院办公室

2. 任务详单

① Purchase six new desktop PCs. Place the six PCs on the tables in the new computer lab area of the library.（购买 6 台全新的台式计算机，并将这 6 台 PC 安装在图书馆的计算机实验室。）

Hint: Verify that the display names of the PCs are PC1，PC2，PC3，PC4，PC5，and PC6. Correct them if there are any errors using the config tab.（注意：确认这 6 台 PC 显示的名称分别是 PC1、PC2、PC3、PC4、PC5 和 PC6，若发现错误，请使用 Config 选项来修改。）

② Purchase and install software on each PC. Buy a new Operating System，a medical software package and a business software package. Install the three software packages on each PC.（购买并在每台 PC 上安装下列软件：操作系统、医疗用软件和商业套装软件。）

Hint: Software packages can be installed using the Software/Services tab on each PC.〔注意：可在 PC 的 Software/Services（软件与服务）选项进行安装。〕

③ Purchase a network-capable printer. Place it on the librarian desk.（购买具有网络功能的打印机，并放在图书馆管理员的桌上。）

Hint: Verify that the display is Printe0. If it is not，change the display name to Printer0 using the config tab.（注意：确认这台打印机显示的名称是 Printer0，如果不是可在 Config 页面修改。）

3. 附加任务：Demonstrate Wireless Configuration

目的：教学生学会无线网络相关设置。

① Demonstrate how to set up the Linksys router. Set the SSID to "Demo" and the WPA2 Personal passphrase to "classroom"（示范如何设置无线路由器，设置 SSID 为 "Demo"，并且使用 WPA2-Personal 加密机制，密码是 "classroom"。）

Hint: Remember to disable SSID broadcasts.（注意：记住关闭 SSID 广播功能。）

② Configure the Laptop to connect to the Linksys router.（配置笔记本电脑并将其正确连接到 Linksys 无线路由器上。）

Hint: It is important to watch for errors in capitalization or spelling when setting the SSID and WPA2 passphrase.（注意：在设定 SSID 和加密机制密码时，注意大小写。）

Hint: Make sure you set both router and laptop to use the same encryption method.（注意：确保路由器和笔记本电脑采用相同的加密机制。）

8.3.5 场景五：个人计算机

1. 游戏内容

该游戏内容是 Fix PC Connectivity Problem——修复个人计算机连接问题。

2. 任务详单

① Correct the settings on the non-working PCs so that they can connect to the hospital web server.（修复那些无法正常连接到医院网页服务器的 PC 的网络设置。）

Hint: Use the PING command from the command line on each PC to determine which PC is able to successfully connect to the web server at 192.0.2.254. It may be necessary to PING multiple times.（注意：在每一台 PC 的命令行模式下使用 PING 命令以确认哪一台 PC 能成功到达位于 192.0.2.254 的网页服务器。可能需要 PING 多次。）

Hint: Investigate the configuration settings on the one PC that can connect to the web server.（注意：观察那台能成功连线到网页服务器的计算机的网络设置。）

Hint: Correct the settings on the other PCs. All PCs should be on the same IP network as their default gateway –the LAN interface of the Linksys router.〔注意：修改其他无法正常连线的 PC 至正确的设置，所有 PC 都应该与 Linksys 路由器上的 Default Gateway（默认网关）位于同一个网段。〕

② Verify that all PCs can connect to each other and can reach the web server at 192.0.2.254 by firing the pre-defined PDU connectivity tests.（使用 PDU 封包测试功能来确定每台 PC 都能成功地连接到位于 192.0.2.254 的网页服务器。）

Hint: Fire the pre-defined PDU connectivity tests by double clicking the red button next to each test in the bottom right corner of the screen. All connectivity tests should be successful.（注意：在右下角的窗口里，双击两下红色按钮，你就可以发出测试封包了。所有的连线测试都应该被完成。）

Hint: If the connectivity tests are not successful，try using the PING command from each PC to isolate the problem.（注意：如果连线测试不成功，一台一台测试以排除故障。）

8.3.6　场景六：无线设置

1. 游戏内容

该游戏内容是 Configure Wireless Laptops——配置无线笔记本电脑。

2. 任务详单

① Configure the Linksys Router for secure wireless. Set the SSID to "medicaloffice" and do not broadcast it.（配置 Linksys 路由器的无线安全功能，将 SSID 设定为"medicaloffice"并且关闭 SSID 广播功能。）

② Secure the wireless network with WPA2-Personal (PSK) authentication，use the passkey "Hippocrates"。〔使用 WPA2-Personal（PSK）的无线网络验证机制，并且将密码设定为"hippocrates"。〕

Hint: Use the Linksys GUI interface to configure WPA2.（注意：使用 Linksys 设备的 GUI（图形化界面）来设定 WPA2 加密。）

③ Purchase two Linksys wireless interface modules; make sure they are 2.4 gig and are for laptops, not desktops. Install them in the laptops and configure them to securely connect to the Linksys wireless you just set up.（购买两个 Linksys 的无线网卡，并确定购买的是 2.4 GHz 的笔记本型电脑专用卡，别买成台式机的卡。购买之后请将它安装到两台笔记本电脑上，并依照前面所述的安全加密机制设置。）

Hint: You will have to first remove the installed Ethernet wired interface from the laptops before you can install the Linksys wireless interface into the laptops.（注意：你必须先移除掉笔记本电脑上的有线网卡才能安装新的无线网卡。）

Hint: Remember the SSID is not being broadcast, you will have to manually add it in the wireless interface configuration.（注意：记着关掉 SSID 的广播功能，由于关掉了广播功能，因此你必须在笔记本电脑上手动设置 SSID。）

④ Verify that both wireless laptops can ping the web server by firing the existing PDU connectivity tests until they are successful.（使用 PDU 封包测试功能来确定每台笔记本电脑网络功能正常，并且能成功连接到网页服务器。）

Hint: To perform the connectivity tests, double click on the red fire graphic in the lower right hand corner of the screen.（注意：在右下角窗口中双击红色的 Fire 按钮完成封包连接测试。）

Hint: If the connectivity tests are not successful, verify that you spelled the SSID and the passphrase exactly the same way on both the Linksys router and the laptops.（注意：如果连接测试失败，检查 SSID 或密码的设置是否与路由器都相同。）

8.4 游戏注意事项

① 认真了解网络设备及材料情况和价格。

在游戏中，需要根据不同的游戏场景，选择和购买合适的网络设备、终端和材料。表 8-1 给出的是网络设备、终端设备和材料的分类与外观图，可以帮助游戏者更快地找到所需要的设备和材料。

最好只买能完成合同所需的最少设备和材料，如购买了多余的设备或材料，费用需自理，如要退货，损失很大，这样可能会造成你的资金运作紧张。

② 随时单击用户头像检查合同完成情况及资金使用情况，并注意日历提示。

如果过了合同期限，仍没有完成任务，损失就大了。资金不够用了可以到银行去贷款，但挣到钱之后，一定要及时将贷款还清。注意日历提示，到期不还钱，信誉会受损而且下次贷款会有问题。

表 8-1 材料分类情况表

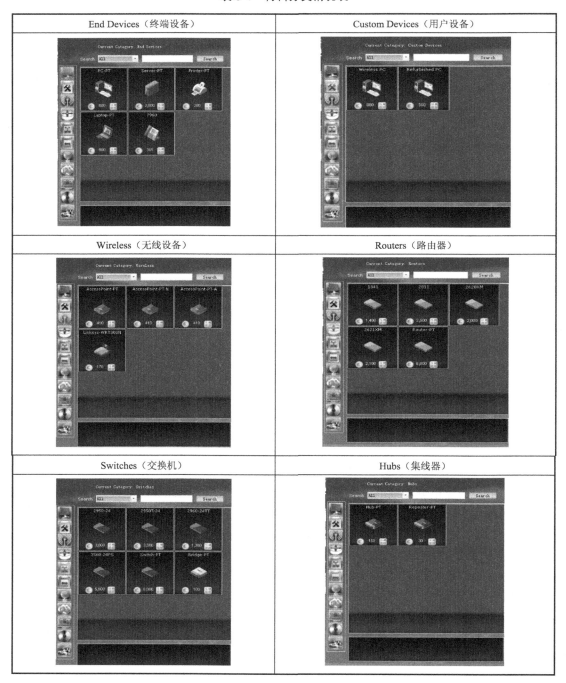

续表

Connections（连接材料）	WAN Device（广域网设备）
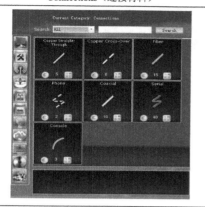	
Modules and Accessories（模块和配件）	Software and Services（软件和服务）
	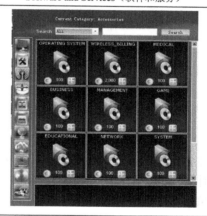
Personal Home Items（个人家庭用品）	
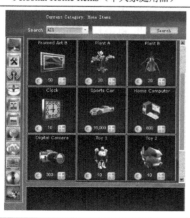	

注意：贷款利息很高。要随时单击用户头像以检查游戏进程及其他事项。如图 8-18 所示。

图 8-18　查看游戏进程及其他事项

③ 尽快回复漏接的电话（Missing Call）。

及时回复漏接电话，那是你的下一个业务和商业机会。

④ 慎重签订维护合同（Support Contract）。

为了让客户放心，我们应与客户签订 Support Contract（维护合同），但是你一但签订了维护合同，客户只要有需要你就必须火速到达解决问题。如果你无法做到会导致客户不满！从而影响你的得分。若确认要与客户签订维护合同，需要输入你想收的价格，基本建议是任务合同价格的 10%～12%。

⑤ 帮助需要你帮助的人，会有惊喜回报。

在游戏中偶尔会有一些人需要你给他们提供一些帮助，如技术支持、财力支持和劳动力支持，如果可以的话尽量去帮助他们，在后面可能会有一些惊喜出现，肯定的是你的企业不断发展并且越来越多客户愿意与你有所往来。

⑥ 及时保存文件。

每完成一个合同都应该及时保存文件（扩展名为 ags），下次可以直接导入此文件以继续你的游戏之旅。

8.5 本章小结

Aspire 是思科最新开发的基于 Packet Tracer 模拟教学软件的游戏模块，在游戏中你将扮演一位 Cisco 网络工程师，随着游戏的深入，你将接到各式各样的任务，在不同的场景中，购买所需的网络设备，并可以在 Packet Tracer 模拟软件中完成配置，完成任务后可以获取佣金，边玩边学。

思考与练习

① 总结玩游戏时遇到的英语术语单词。
② 如何安装耳机、麦克风和摄像头等配件？
③ ISP 提供商设备有几种，各有什么优点？

附录 A 故障排除脚本

A.1 协议类故障排除实例

说明：以静态路由故障排除为例。

1．路由器 BRANCH 脚本

```
hostname BRANCH
!
!
no ip domain-lookup
!
interface FastEthernet0/0
  ip address 172.20.1.129 255.255.255.128
  duplex auto
  speed auto
  no shutdown
!
interface Serial0/0/0
  ip address 172.20.1.1 255.255.255.128
  clock rate 64000
  no shutdown
!
ip route 0.0.0.0 0.0.0.0 172.20.0.129
!
!
!
!
line con 0
line vty 0 4
```

```
password cisco
 login
!
end
```

2．路由器 HQ 脚本

```
hostname HQ
!
no ip domain-lookup
!
interface FastEthernet0/0
 ip address 172.20.0.129 255.255.255.128
 duplex auto
 speed auto
 no shutdown
!
interface Serial0/0/0
 ip address 172.20.1.2 255.255.255.128
 no shutdown
!
interface Serial0/0/1
 ip address 192.168.38.254 255.255.255.252
 clock rate 64000
 no shutdown
!
ip route 192.168.39.64 255.255.255.192 192.168.38.253
!
line con 0
line vty 0 4
password cisco
login
!
End
```

3. 路由器 ISP 脚本

```
hostname ISP
!
no ip domain-lookup
!
interface FastEthernet0/0
  ip address 192.168.39.65 255.255.255.192
  !
interface Serial0/0/1
  ip address 192.168.38.253 255.255.255.252
  no shutdown
!
ip route 172.20.0.0 255.255.255.0 192.168.38.254
!
line con 0
line vty 0 4
password cisco
  login
!
end
```

A.2 企业网络故障排除实例

A.2.1 设备脚本

1. 路由器 R1 脚本

```
!----------------------------------------
no service password-encryption
!
hostname R1
!
boot-start-marker
```

```
boot-end-marker
!
security passwords min-length 6
enable secret 5 ciscoccna
!
ip cef
!
ip dhcp pool Access1
    network 192.168.10.0 255.255.255.0
    default-router 192.168.10.1
!
no ip domain lookup
!
!
username R3 password 0 ciscoccna
username ccna password 0 ciscoccna
!
interface FastEthernet0/0
  ip address 192.168.10.1 255.255.255.0
  ip rip authentication mode md5
  ip rip authentication key-chain RIP_KEY
  no shutdown
!
interface FastEthernet0/1
  ip address 192.168.11.1 255.255.255.0
  ip rip authentication mode md5
  ip rip authentication key-chain RIP_KEY
  no shutdown
!
interface Serial0/0/0
  ip address 10.1.1.1 255.255.255.252
  ip rip authentication mode md5
  ip rip authentication key-chain RIP_KEY
  encapsulation frame-relay
```

```
   clockrate 128000
   frame-relay map ip 10.1.1.1 201
   frame-relay map ip 10.1.1.2 201 broadcast
   no frame-relay inverse-arp
   no shutdown
!
interface Serial0/0/1
   ip address 10.3.3.1 255.255.255.252
   ip rip authentication mode md5
   ip rip authentication key-chain RIP_KEY
   encapsulation ppp
   ppp authentication chap
   no shutdown
!
!
router rip
   version 2
   passive-interface default
   network 192.168.10.0
   network 192.168.11.0
   no auto-summary
!
ip classless
!
no ip http server
!
ip access-list standard Anti-spoofing
   permit 192.168.10.0 0.0.0.255
   deny   any
ip access-list standard VTY
   permit 10.0.0.0 0.255.255.255
   permit 192.168.10.0 0.0.0.255
   permit 192.168.11.0 0.0.0.255
   permit 192.168.20.0 0.0.0.255
```

permit 192.168.30.0 0.0.0.255
!
line con 0
  exec-timeout 0 0
  logging synchronous
line aux 0
line vty 0 4
  access-class VTY in
  login local
!
end
!

2. 路由器 R2 脚本

!--
no service password-encryption
!
hostname R2
!
security passwords min-length 6
enable secret ciscoccna
!
aaa new-model
!
aaa authentication login LOCAL_AUTH local
aaa session-id common
!
ip cef
!
no ip domain lookup
!
key chain RIP_KEY
  key 1
    key-string cisco
username ccna password 0 ciscoccna

```
!
interface Loopback0
  description Simulated ISP Connection
  ip address 209.165.200.245 255.255.255.224
!
interface FastEthernet0/0
  no ip address
  shutdown
  duplex auto
  speed auto
!
interface FastEthernet0/1
  ip address 192.168.20.1 255.255.255.0
  ip access-group TFTP out
  ip access-group Anti-spoofing in
  ip nat outside
  duplex auto
  speed auto
!
!
interface Serial0/0/0
  ip address 10.1.1.2 255.255.255.0
  ip nat inside
  encapsulation frame-relay
  no keepalive
  frame-relay map ip 10.1.1.1 201 broadcast
  no frame-relay inverse-arp
!
interface Serial0/0/1
  ip address 10.2.2.1 255.255.255.0
  ip access-group R3-telnet in
  ip nat inside
  ip rip authentication mode md5
  ip rip authentication key-chain RIP_KEY
  clockrate 128000
```

!
!
router rip
 version 2
 passive-interface default
 no passive-interface Serial0/0/0
 no passive-interface Serial0/0/1
 network 10.0.0.0
 network 192.168.20.0
 default-information originate
 no auto-summary
!
ip classless
ip route 0.0.0.0 0.0.0.0 209.165.200.226
!
no ip http server
ip nat inside source list NAT interface FastEthernet0/0 overload
!
ip access-list standard Anti-spoofing
 permit 192.168.20.0 0.0.0.255
 deny   any
ip access-list standard NAT
 permit 10.0.0.0 0.255.255.255
 permit 192.168.0.0 0.0.255.255
!
ip access-list extended R3-telnet
 deny   tcp host 10.2.2.2 host 10.2.2.1 eq telnet
 deny   tcp host 10.3.3.2 host 10.2.2.1 eq telnet
 deny   tcp host 192.168.11.3 host 10.2.2.1 eq telnet
 deny   tcp host 192.168.30.1 host 10.2.2.1 eq telnet
 permit ip any any
!
ip access-list standard TFTP
 permit 192.168.20.0 0.0.0.255
!

```
 control-plane
 !
 line con 0
   exec-timeout 0 0
   logging synchronous
 line aux 0
   exec-timeout 15 0
   logging synchronous
   login authentication local_auth
   transport output telnet
 line vty 0 4
   exec-timeout 15 0
   logging synchronous
   login authentication local_auth
   transport input telnet
 !
 end
 !
```

3．路由器 R3 脚本

```
!----------------------------------------
no service password-encryption
!
hostname R3
!
security passwords min-length 6
enable secret ciscoccna
!
no aaa new-model
!
ip cef
!
no ip domain lookup
!
key chain RIP_KEY
```

```
   key 1
    key-string cisco
username R1 password 0 ciscoccna
username ccna password 0 ciscoccna
!
interface FastEthernet0/1
 no shutdown
!
interface FastEthernet0/1.11
  encapsulation dot1Q 11
  ip address 192.168.11.3 255.255.255.0
  no snmp trap link-status
!
interface FastEthernet0/1.30
  encapsulation dot1Q 30
  ip address 192.168.30.1 255.255.255.0
  ip access-group Anti-spoofing in
  no snmp trap link-status
!
!
interface Serial0/0/0
  ip address 10.3.3.2 255.255.255.252
  encapsulation ppp
  clockrate 125000
  ppp authentication chap
!
interface Serial0/0/1
  ip address 10.2.2.2 255.255.255.252
!
router rip
 version 2
 passive-interface default
 no passive-interface FastEthernet0/1.11
 no passive-interface FastEthernet0/1.30
 no passive-interface Serial0/0/0
```

```
 no passive-interface Serial0/0/1
 network 10.0.0.0
 network 192.168.11.0
 network 192.168.30.0
 no auto-summary
!
ip classless
!
ip http server
!
ip access-list standard Anti-spoofing
 permit 192.168.30.0 0.0.0.255
 deny   any
ip access-list standard VTY
 permit 10.0.0.0 0.255.255.255
 permit 192.168.10.0 0.0.0.255
 permit 192.168.11.0 0.0.0.255
 permit 192.168.20.0 0.0.0.255
 permit 192.168.30.0 0.0.0.255
!
control-plane
!
line con 0
 exec-timeout 0 0
 logging synchronous
line aux 0
 exec-timeout 15 0
 logging synchronous
line vty 0 4
 access-class VTY in
 exec-timeout 15 0
 logging synchronous
 login local
!
end
```

!--
4. 交换机 S1 脚本

!--
no service password-encryption
!
hostname S1
!
security passwords min-length 6
enable secret ciscoccna
!
no aaa new-model
vtp domain CCNA_Troubleshooting
vtp mode transparent
vtp password ciscoccna
ip subnet-zero
!
no ip domain-lookup
!
no file verify auto
spanning-tree mode pvst
spanning-tree extend system-id
!
vlan internal allocation policy ascending
!
vlan 10
!
interface FastEthernet0/1
  switchport access vlan 10
  switchport mode access
!
interface FastEthernet0/2
  switchport access vlan 10
  switchport mode access
!

```
 interface range FastEthernet0/3-24
!
interface GigabitEthernet0/1
  shutdown
!
interface GigabitEthernet0/2
  shutdown
!
interface Vlan1
  no ip address
  no ip route-cache
!
interface Vlan10
  ip address dhcp
  no ip route-cache
!
ip default-gateway 192.168.10.1
ip http server
!
control-plane
!
line con 0
  exec-timeout 0 0
  logging synchronous
line vty 0 4
  password ciscoccna
  login
line vty 5 15
  no login
!
end
!----------------------------------------
```

5. 交换机 S2 脚本

```
!----------------------------------------
no service password-encryption
```

```
!
hostname S2
!
security passwords min-length 6
enable secret ciscoccna
!
no aaa new-model
vtp domain CCNA_Troubleshooting
vtp mode transparent
vtp password ciscoccna
ip subnet-zero
!
no ip domain-lookup
!
no file verify auto
!
spanning-tree mode rapid-pvst
spanning-tree extend system-id
spanning-tree vlan 11 priority 24576
spanning-tree vlan 30 priority 28672
!
vlan internal allocation policy ascending
!
interface FastEthernet0/1
 switchport access vlan 11
 switchport mode access
!
interface FastEthernet0/2
 switchport access vlan 11
 switchport mode access
!
interface FastEthernet0/3
 switchport trunk native vlan 99
 switchport trunk allowed vlan 11,30
 switchport mode trunk
```

!
interface FastEthernet0/4
  switchport trunk native vlan 99
  switchport trunk allowed vlan 11,30
  switchport mode trunk
!
interface range FastEthernet0/5-24
  shutdown
!
interface GigabitEthernet0/1
  shutdown
!
interface GigabitEthernet0/2
  shutdown
!
interface Vlan1
  no ip address
  no ip route-cache
!
interface Vlan11
  ip address 192.168.11.2 255.255.255.0
  no ip route-cache
!
ip http server
!
control-plane
!
line con 0
  exec-timeout 0 0
  logging synchronous
line vty 0 4
  password ciscoccna
  login
line vty 5 15
  no login

!
end
!--

6. 交换机 S3 脚本

!--
no service password-encryption
!
hostname S3
!
security passwords min-length 6
enable secret ciscoccna
!
no aaa new-model
vtp domain CCNA_troubleshooting
vtp mode server
vtp password ciscoccna
ip subnet-zero
!
no ip domain-lookup
!
no file verify auto
!
spanning-tree mode rapid-pvst
spanning-tree extend system-id
spanning-tree vlan 11 priority 28672
spanning-tree vlan 30 priority 24576
!
vlan internal allocation policy ascending
!
!
interface FastEthernet0/1
  switchport trunk allowed vlan 30
  switchport mode trunk
!

```
interface FastEthernet0/2
  switchport access vlan 30
  switchport mode access
!
interface FastEthernet0/3
  switchport trunk native vlan 99
  switchport trunk allowed vlan 11,30
  switchport mode trunk
!
interface FastEthernet0/4
  switchport trunk native vlan 99
  switchport trunk allowed vlan 11,30
  switchport mode trunk
!
interface range FastEthernet0/5-24
  shutdown
!
interface GigabitEthernet0/1
  shutdown
!
interface GigabitEthernet0/2
  shutdown
!
interface Vlan1
  no ip address
  no ip route-cache
!
interface Vlan30
  ip address 192.168.30.2 255.255.255.0
  no ip route-cache
!
ip default-gateway 192.168.30.1
ip http server
!
control-plane
```

```
!
line con 0
  exec-timeout 5 0
  logging synchronous
line vty 0 4
  password ciscoccna
  login
line vty 5 15
  no login
!
end
```

A.2.2 替代配置

1. 路由器 R1 配置

```
!----------------------------------------
no service password-encryption
!
hostname R1
!
boot-start-marker
boot-end-marker
!
security passwords min-length 6
enable secret 5 ciscoccna
!
ip cef
!
ip dhcp pool Access1
    network 192.168.10.0 255.255.255.0
    default-router 192.168.10.1
!
no ip domain lookup
frame-relay switching
```

!
!
username R3 password 0 ciscoccna
username ccna password 0 ciscoccna
!
interface FastEthernet0/0
 ip address 192.168.10.1 255.255.255.0
 ip rip authentication mode md5
 ip rip authentication key-chain RIP_KEY
 no shutdown
!
interface FastEthernet0/1
 ip address 192.168.11.1 255.255.255.0
 ip rip authentication mode md5
 ip rip authentication key-chain RIP_KEY
 no shutdown
!
interface Serial0/0/0
 ip address 10.1.1.1 255.255.255.252
 ip rip authentication mode md5
 ip rip authentication key-chain RIP_KEY
 encapsulation frame-relay

 clockrate 128000
 frame-relay map ip 10.1.1.1 201
 frame-relay map ip 10.1.1.2 201 broadcast
 no frame-relay inverse-arp
 no shutdown
 frame-relay intf-type dce
!
interface Serial0/0/1
 ip address 10.3.3.1 255.255.255.252
 ip rip authentication mode md5
 ip rip authentication key-chain RIP_KEY
 encapsulation ppp

```
 ppp authentication chap
 no shutdown
!
!
router rip
 version 2
 passive-interface default
 network 10.0.0.0
 network 192.168.10.0
 network 192.168.11.0
 no auto-summary
!
ip classless
!
no ip http server
!
ip access-list standard Anti-spoofing
  permit 192.168.10.0 0.0.0.255
  deny   any
ip access-list standard VTY
  permit 10.0.0.0 0.255.255.255
  permit 192.168.10.0 0.0.0.255
  permit 192.168.11.0 0.0.0.255
  permit 192.168.20.0 0.0.0.255
  permit 192.168.30.0 0.0.0.255
!
line con 0
  exec-timeout 0 0
  logging synchronous
line aux 0
line vty 0 4
  access-class VTY in
  login local
!
end
```

!--
2．路由器 R2 配置

!--
no service password-encryption
!
hostname R2
!
security passwords min-length 6
enable secret ciscoccna
!
aaa new-model
!
aaa authentication login LOCAL_AUTH local
aaa session-id common
!
ip cef
!
no ip domain lookup
!
key chain RIP_KEY
 key 1
  key-string cisco
username ccna password 0 ciscoccna
!
interface Loopback0
 description Simulated ISP Connection
 ip address 209.165.200.245 255.255.255.224
!
interface FastEthernet0/0
 ip address 192.168.20.1 255.255.255.0
 ip access-group TFTP out
 ip access-group Anti-spoofing in
 ip nat outside
 duplex auto

```
  speed auto
!
interface FastEthernet0/1
  no ip address
  shutdown
  duplex auto
  speed auto
!
interface Serial0/0/0
  ip address 10.1.1.2 255.255.255.0
  ip nat inside
  encapsulation frame-relay
  no keepalive
  frame-relay map ip 10.1.1.1 201 broadcast
  frame-relay map ip 10.1.1.2 201
  no frame-relay inverse-arp
!
interface Serial0/0/1
  ip address 10.2.2.1 255.255.255.0
  ip access-group R3-telnet in
  ip nat inside
  ip rip authentication mode md5
  ip rip authentication key-chain RIP_KEY
  clockrate 128000
!
!
router rip
  version 2
  passive-interface default
  no passive-interface Serial0/0/0
  no passive-interface Serial0/0/1
  network 10.0.0.0
  network 192.168.20.0
  default-information originate
  no auto-summary
```

!
ip classless
ip route 0.0.0.0 0.0.0.0 209.165.200.226
!
no ip http server
ip nat inside source list NAT interface FastEthernet0/0 overload
!
ip access-list standard Anti-spoofing
 permit 192.168.20.0 0.0.0.255
 deny   any
ip access-list standard NAT
 permit 10.0.0.0 0.255.255.255
 permit 192.168.0.0 0.0.255.255
!
ip access-list extended R3-telnet
 deny   tcp host 10.2.2.2 host 10.2.2.1 eq telnet
 deny   tcp host 10.3.3.2 host 10.2.2.1 eq telnet
 deny   tcp host 192.168.11.3 host 10.2.2.1 eq telnet
 deny   tcp host 192.168.30.1 host 10.2.2.1 eq telnet
 permit ip any any
!
ip access-list standard TFTP
 permit 192.168.20.0 0.0.0.255
!
control-plane
!
line con 0
 exec-timeout 0 0
 logging synchronous
line aux 0
 exec-timeout 15 0
 logging synchronous
 login authentication local_auth
 transport output telnet
line vty 0 4

```
  exec-timeout 15 0
  logging synchronous
  login authentication local_auth
  transport input telnet
!
end
!----------------------------------------
```

3. 路由器 R3 配置

```
!----------------------------------------
no service password-encryption
!
hostname R3
!
security passwords min-length 6
enable secret ciscoccna
!
no aaa new-model
!
ip cef
!
no ip domain lookup
!
key chain RIP_KEY
  key 1
    key-string cisco
username R1 password 0 ciscoccna
username ccna password 0 ciscoccna
!
interface FastEthernet0/1
  no shutdown
!
interface FastEthernet0/1.11
  encapsulation dot1Q 11
  ip address 192.168.11.3 255.255.255.0
```

```
  no snmp trap link-status
!
interface FastEthernet0/1.30
  encapsulation dot1Q 30
  ip address 192.168.30.1 255.255.255.0
  ip access-group Anti-spoofing in
  no snmp trap link-status
!
!
interface Serial0/0/0
  ip address 10.3.3.2 255.255.255.252
  encapsulation ppp
  clockrate 125000
  ppp authentication chap
!
interface Serial0/0/1
  ip address 10.2.2.2 255.255.255.252
!
router rip
  version 2
  passive-interface default
  no passive-interface FastEthernet0/0.11
  no passive-interface FastEthernet0/0.30
  no passive-interface Serial0/0/0
  no passive-interface Serial0/0/1
  network 10.0.0.0
  network 192.168.11.0
  network 192.168.30.0
  no auto-summary
!
ip classless
!
ip http server
!
ip access-list standard Anti-spoofing
```

```
  permit 192.168.30.0 0.0.0.255
  deny   any
ip access-list standard VTY
  permit 10.0.0.0 0.255.255.255
  permit 192.168.10.0 0.0.0.255
  permit 192.168.11.0 0.0.0.255
  permit 192.168.20.0 0.0.0.255
  permit 192.168.30.0 0.0.0.255
!
control-plane
!
line con 0
  exec-timeout 0 0
  logging synchronous
line aux 0
  exec-timeout 15 0
  logging synchronous
line vty 0 4
  access-class VTY in
  exec-timeout 15 0
  logging synchronous
  login local
!
end
!----------------------------------------
```

4．交换机 S1 配置

```
!----------------------------------------
no service password-encryption
!
hostname S1
!
security passwords min-length 6
enable secret ciscoccna
!
no aaa new-model
```

```
vtp domain CCNA_Troubleshooting
vtp mode transparent
vtp password ciscoccna
ip subnet-zero
!
no ip domain-lookup
!
no file verify auto
spanning-tree mode pvst
spanning-tree extend system-id
!
vlan internal allocation policy ascending
!
vlan 10
!
interface FastEthernet0/1
  switchport access vlan 10
  switchport mode access
!
interface FastEthernet0/2
  switchport access vlan 10
  switchport mode access
!
interface range FastEthernet0/3-24
!
interface GigabitEthernet0/1
  shutdown
!
interface GigabitEthernet0/2
  shutdown
!
interface Vlan1
  no ip address
  no ip route-cache
!
```

```
interface Vlan10
  ip address dhcp
  no ip route-cache
!
ip default-gateway 192.168.10.1
ip http server
!
control-plane
!
line con 0
  exec-timeout 0 0
  logging synchronous
line vty 0 4
  password ciscoccna
  login
line vty 5 15
  no login
!
end
!---------------------------------------
```

5. 交换机 S2 配置

```
!---------------------------------------
no service password-encryption
!
hostname S2
!
security passwords min-length 6
enable secret ciscoccna
!
no aaa new-model
vtp domain CCNA_Troubleshooting
vtp mode transparent
vtp password ciscoccna
ip subnet-zero
```

!
no ip domain-lookup
!
no file verify auto
!
spanning-tree mode rapid-pvst
spanning-tree extend system-id
spanning-tree vlan 11 priority 24576
spanning-tree vlan 30 priority 28672
!
vlan internal allocation policy ascending
!
interface FastEthernet0/1
  switchport access vlan 11
  switchport mode access
!
interface FastEthernet0/2
  switchport access vlan 11
  switchport mode access
!
interface FastEthernet0/3
  switchport trunk native vlan 99
  switchport trunk allowed vlan 11,30
  switchport mode trunk
!
interface FastEthernet0/4
  switchport trunk native vlan 99
  switchport trunk allowed vlan 11,30
  switchport mode trunk
!
interface range FastEthernet0/5-24
  shutdown
!
interface GigabitEthernet0/1
  shutdown

```
!
interface GigabitEthernet0/2
  shutdown
!
interface Vlan1
  no ip address
  no ip route-cache
!
interface Vlan11
  ip address 192.168.11.2 255.255.255.0
  no ip route-cache
!
ip http server
!
control-plane
!
line con 0
  exec-timeout 0 0
  logging synchronous
line vty 0 4
  password ciscoccna
  login
line vty 5 15
  no login
!
end
!----------------------------------------
```

6. 交换机 S3 配置

```
!----------------------------------------
no service password-encryption
!
hostname S3
!
security passwords min-length 6
```

```
enable secret ciscoccna
!
no aaa new-model
vtp domain CCNA_troubleshooting
vtp mode server
vtp password ciscoccna
ip subnet-zero
!
no ip domain-lookup
!
no file verify auto
!
spanning-tree mode rapid-pvst
spanning-tree extend system-id
spanning-tree vlan 11 priority 28672
spanning-tree vlan 30 priority 24576
!
vlan internal allocation policy ascending
!
!
interface FastEthernet0/1
 switchport trunk allowed vlan 30
 switchport mode trunk
!
interface FastEthernet0/2
 switchport access vlan 30
 switchport mode access
!
interface FastEthernet0/3
 switchport trunk native vlan 99
 switchport trunk allowed vlan 11,30
 switchport mode trunk
!
interface FastEthernet0/4
 switchport trunk native vlan 99
```

```
  switchport trunk allowed vlan 11,30
  switchport mode trunk
!
interface range FastEthernet0/5-24
  shutdown
!
interface GigabitEthernet0/1
  shutdown
!
interface GigabitEthernet0/2
  shutdown
!
interface Vlan1
  no ip address
  no ip route-cache
!
interface Vlan30
  ip address 192.168.30.2 255.255.255.0
  no ip route-cache
!
ip default-gateway 192.168.30.1
ip http server
!
control-plane
!
line con 0
  exec-timeout 5 0
  logging synchronous
line vty 0 4
  password ciscoccna
  login
line vty 5 15
  no login
!
end
```

反侵权盗版声明

电子工业出版社依法对本作品享有专有出版权。任何未经权利人书面许可，复制、销售或通过信息网络传播本作品的行为；歪曲、篡改、剽窃本作品的行为，均违反《中华人民共和国著作权法》，其行为人应承担相应的民事责任和行政责任，构成犯罪的，将被依法追究刑事责任。

为了维护市场秩序，保护权利人的合法权益，我社将依法查处和打击侵权盗版的单位和个人。欢迎社会各界人士积极举报侵权盗版行为，本社将奖励举报有功人员，并保证举报人的信息不被泄露。

举报电话：（010）88254396；（010）88258888
传　　真：（010）88254397
E-mail：　dbqq@phei.com.cn
通信地址：北京市万寿路173信箱
　　　　　电子工业出版社总编办公室
邮　　编：100036